颐和园清晏舫

大修实录

荣华　张龙　编著

图书在版编目（CIP）数据

颐和园清晏舫大修实录 / 荣华，张龙编著 . -- 天津：天津大学出版社，2021.6
ISBN 978-7-5618-6971-0

Ⅰ . ①颐… Ⅱ . ①荣… ②张… Ⅲ . ①颐和园－古建筑－文物修整－概况 Ⅳ . ① TU-87

中国版本图书馆 CIP 数据核字 (2021) 第 115997 号

YIHEYUAN QINGYAN FANG DAXIU SHILU

策划编辑　韩振平　郭　颖
责任编辑　郭　颖
装帧设计　谷英卉

出版发行　天津大学出版社
地　　址　天津市卫津路 92 号天津大学内（邮编：300072）
电　　话　发行部：022 － 27403647
网　　址　www.tjupress.com.cn
印　　刷　北京华联印刷有限公司
经　　销　全国各地新华书店
开　　本　210 mm × 285 mm
印　　张　7.5
字　　数　170 千
版　　次　2021 年 6 月第 1 版
印　　次　2021 年 6 月第 1 次
定　　价　40.00 元

《颐和园清晏舫大修实录》参与单位及人员

编　　　著：荣　华　张　龙

参　　　编：北京市颐和园管理处

朱　颐　张　斌　常耘硕　王　晨　张　颖　翟小菊

天津大学建筑学院

孙立娜　谢竹悦　徐龙龙　袁　媛　朱　琳　王　博　罗晓靓

英 文 翻 译：王泉更

设 计 单 位：北京兴中兴建筑设计事务所

施 工 单 位：北京房修一建筑工程有限公司

监 理 单 位：北京华林源工程咨询有限公司

古建筑测绘：天津大学

王其亨　吴　葱　曹　鹏　白成军　马　睿　张　龙　柳寅生

谭旻筠　史　磊　杨冬冬　朱　磊　吴晗冰　徐龙龙　袁　媛

北京华创同行科技有限公司

孙德鸿　薛　勇　刘丽惠　李　港

目录

研究篇
Research

工程篇
Engineering

科技篇
Technology

附录

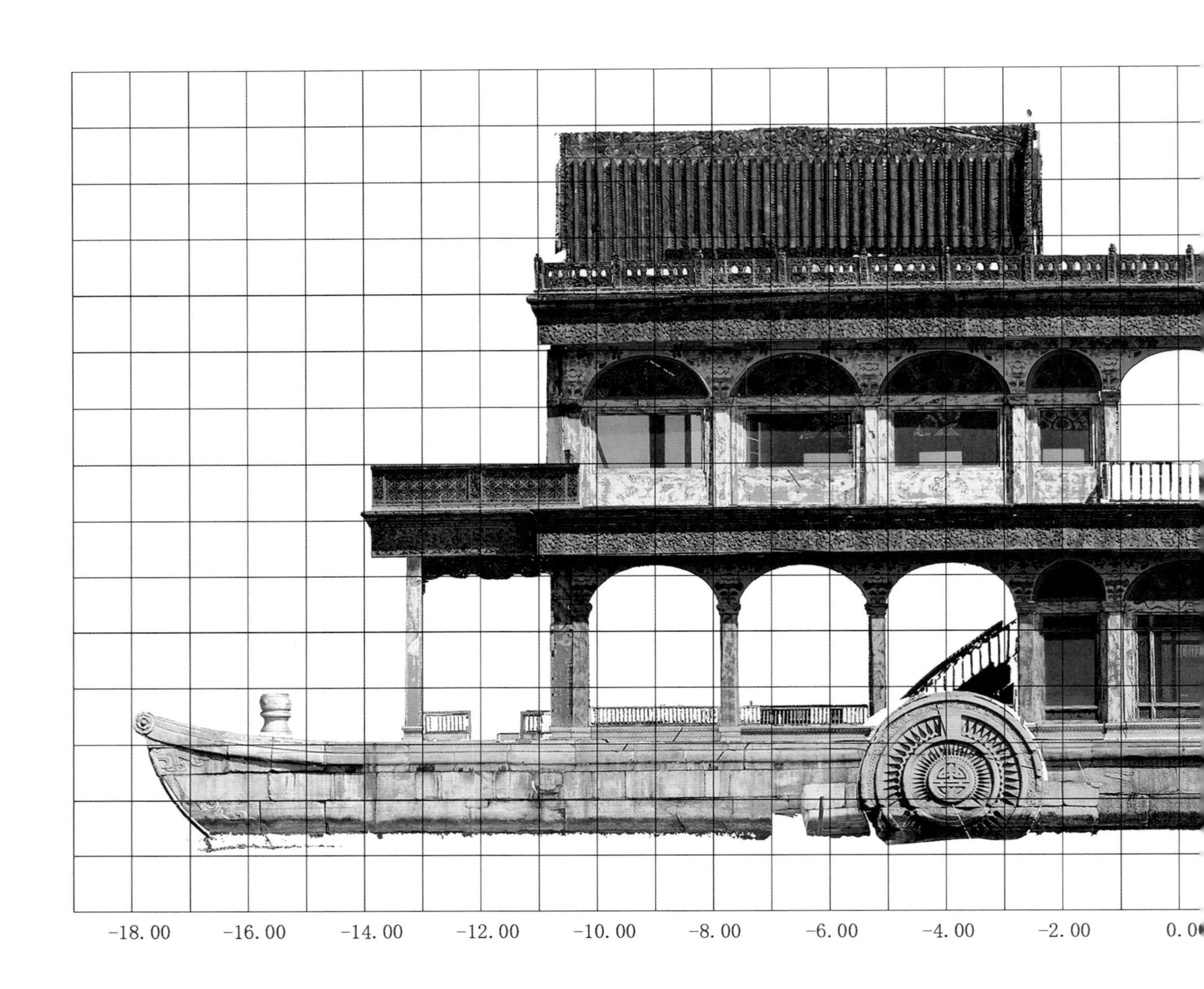

-18.00
-16.00
-14.00
-12.00
-10.00
-8.00
-6.00
-4.00
-2.00

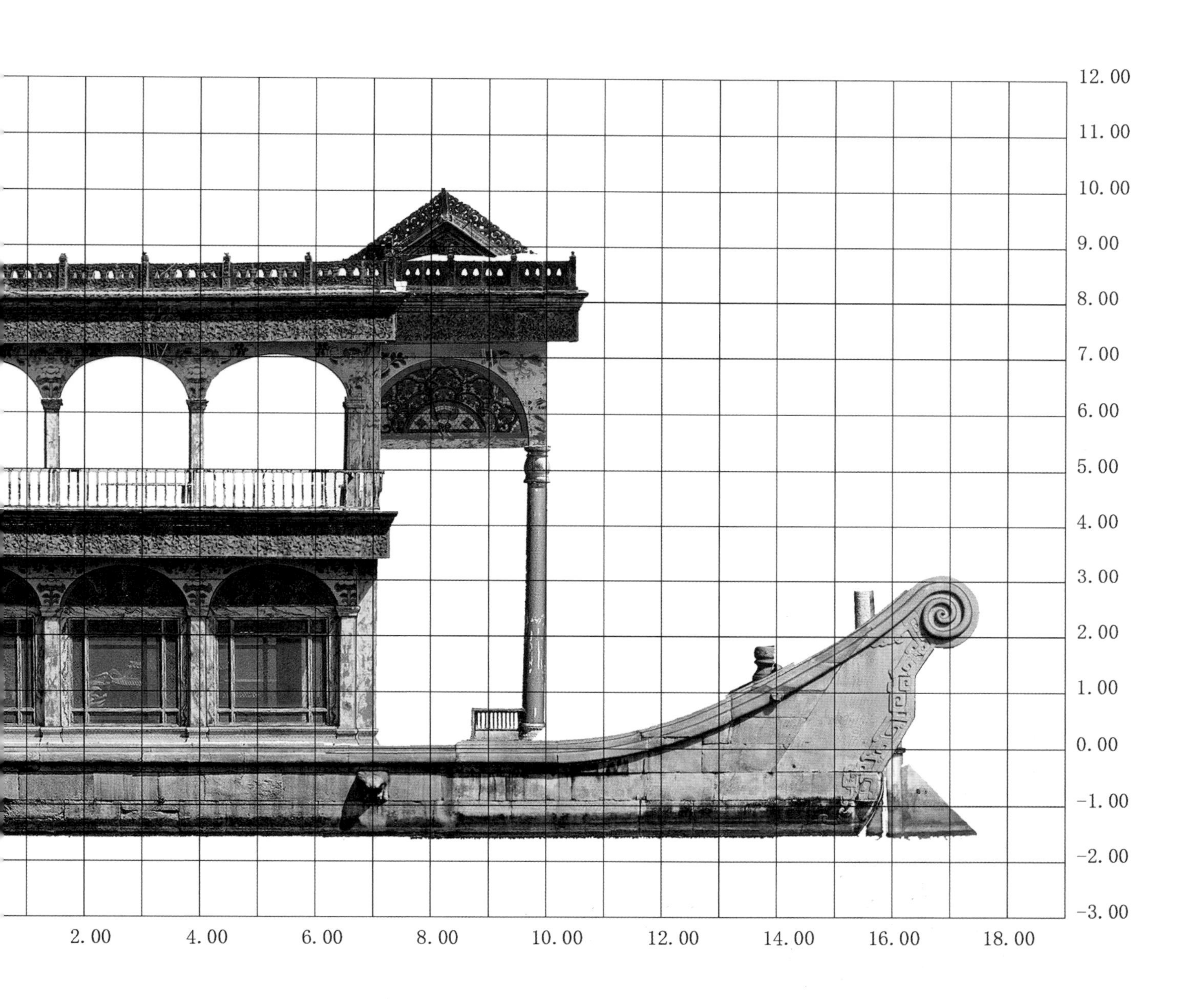

12.00
11.00
10.00
9.00
8.00
7.00
6.00
5.00
4.00
3.00
2.00
1.00
0.00
−1.00
−2.00
−3.00
2.00
4.00
6.00
8.00
10.00
12.00
14.00
16.00
18.00

研究篇 Research

第一章　清代皇家园林中的舫式建筑创作

Chapter 1 Creation of Boat-like Architecture in Royal Gardens of the Qing Dynasty

舟船作为水上交通工具自古有之，本章在简要回溯舟舫的起源与发展的基础上，从文人诗画中挖掘舟舫被历代文人墨客、帝王将相赋予的独特的象征及精神意义，包括君子的象征、“载舟覆舟”的隐喻和“出世”精神的象征。园林中独特的景观建筑——舫式建筑，源自江南园林中临水建造的外形模仿画舫的建筑，乾隆皇帝六下江南，对这种固定不动的画舫式景观建筑非常欣赏，于是在圆明园、北海、静明园等皇家园林中仿建。本章对中国南北方园林中的舫式建筑进行统计，列举清代皇家园林中的舫式建筑及乾隆御制诗中提及的舟舫，分析乾隆帝营造的舫式建筑的创作意象。

Boats have been used as water transportation vehicles since ancient times. On the basis of briefly tracing the origin and development of boats, this chapter explores the unique symbolic and spiritual meanings given to boats by literati, emperors and officials in poems and paintings, including the symbol of a nobleman, the metaphor of “The water that bears the boat is the same that swallows it.” and the symbol of “out of the physical world” in Buddhism. The unique landscape architecture in gardens—boat-like architecture, originated from the architecture imitation of boats, often built near the water in gardens in Jiangnan area. The Qianlong emperor had traveled in Jiangnan area six times and appreciated this kind of immobile boat-like landscape architecture, which was repeatedly imitated in Old Summer Palace, Beihai, Jingming Garden and other royal gardens. In this chapter, we count the boat-like architecture in the gardens of southern and northern China, list the boat-like architecture in the royal gardens of the Qing Dynasty and the boats in the imperial poems of Qianlong emperor, and analyze the creative imagery of the boat-like architecture created by the Qianlong emperor.

第一章　清代皇家园林中的舫式建筑创作

执笔人：孙立娜、谢竹悦、张颖

第一节　舟舫的起源与发展[1]

舟舫历史悠久，早在石器时代舟就已成为一种水上交通工具。其并非由某一地区或部族独自发明、使用，然后传播到其他地区或部族的，它的产生具有多元性，凡是有原始人类活动的河川湖海等水域，只要有获取水生动植物为食的需要，人们都能够各自创造出用来在水面活动的工具，中国古代文献对水上工具的产生和发展有多种记载。

《说文解字》："舟，船也。"[2]《周易·系辞下》曰："黄帝尧舜垂衣裳而天下治，盖取诸乾坤。刳木为舟，剡木为楫，舟楫之利以济不通，致远以利天下。"[3]

考古学资料显示，在史前石器时代素有人类第一舟之称的"独木舟"已在我国出现，河姆渡新石器时代的文化遗址出土了7000多年前的雕花木桨[4]，而同时期考古遗址出土了很多舟形陶器，可以想见，中国早在新石器时代甚至更早就开始使用独木舟，它从诞生之日起就表露出较强的适应性，随着制造技术的进步，其应用范围日益广阔，即使在先进的大型木船出现后，独木舟也并未退出历史舞台。到目前为止，考古工作者在国内已先后发掘出数十条独木舟，其年代从夏商至宋元均有分布，其中典型代表如表1所示。[5]

表1　中国古代的独木舟

出土时间	出土地点	名称	文物时代	形制及特征
1979年	山东长岛县大黑山岛	独木舟	四千年前	只保存舟尾残部。舟壁厚约5厘米。板面平整。有榫卯孔眼。它可能是中国最早的木板船
1977年	山东威海松郭家村	独木舟	商周	舟体保存基本完好。长390厘米，艏宽60厘米，中部宽74厘米，艉宽70厘米，舱深15厘米。内有两道低矮横梁。舟底经过砍削，已非原木状态，较为平整
1983年	江苏宜兴珠潭村	独木舟	春秋	共五条。多已残破。其中之一，残长300厘米，残宽60厘米，深26厘米。此地曾先后出土过若干春秋时代的文物
1984年	江苏宜兴吾桥村	独木舟	春秋	共三条。其中之一，残长850厘米，中部宽33厘米，尾部宽42厘米，舱深32厘米。头圆尾方，两端微微上翘。舟体平整，舟壁厚薄均匀
1958年	江苏武进古奄城遗址	独木舟	春秋	长1100厘米，中部宽90厘米，舟底内宽56厘米，舱深42厘米。舟底内有两道微微凸起的横梁

民族学研究发现，另一种反映先民水上活动的工具是筏子。东北地区鄂伦春族历来使用木筏；台湾高山族远在一千年前就"不假舟楫，维缚竹为筏"，可熟练使用筏子。

筏子和独木舟这两种最简单的工具，满足了人类最初的水上活动要求。殷商时代甲骨文的象形文字"舟"字，[甲骨文"舟"字]，象形为用纵向和横向构件组成的木板船，说明在距今约3500到3000年左右，木板船已经诞生。此后，随着材料和技术的发展，运输、贸易、战事等因素的刺激，舟开始往多功能、多意向的方向演化。

春秋时期，冶铁技术的发展促进了铁制木工工具的使用，为传统造船工艺的发展奠定了技术基础；同时各诸侯国兼并战争频繁，在江南的水战中以舟船为战具，并有成规模的船队水师，极速推动了造船业的发展。战国时期的造船技术更加进步，由战国青铜器上的船纹可了解当时战船

① 席龙飞：《中国古代造船史》，武汉，武汉大学出版社，2015年，9-32页。

② 许慎：《说文解字》，北京，中华书局，1963年，第176页。

③《周易》，北京，中华书局，2010年，第306页。

④ 河姆渡遗址考古队：《浙江河姆渡遗址第二期发掘的主要收获》，《文物》，1980年第5期，第1-15页。

⑤ 席龙飞：《中国古代造船史》，武汉，武汉大学出版社，2015年，9-32页。

的形制：甲板之下划桨，甲板之上作战。此时期的铜钺上出现了带有风帆的船纹，推测风帆始于战国。

此后中国又陆续发明：船尾舵；可将船体分割成多个舱的水密舱壁；推进工具由桨转化为桨轮的车轮舟，大力促进了船舶的效能和速度的提升。

车轮舟最早出现在晋代，唐代李皋对车轮舟的发展有重要作用。《旧唐书》记载李皋"常运心巧思为战舰，挟二轮蹈之，翔风鼓浪，疾若帆席，所造省而久固"。至宋代，车轮舟已列入水军的编制并有一定的规模。至明代郑和下西洋时期，中国古代的造船业和航海业都发展至顶峰，在此之后海禁、迁海等闭关自守的政策，人为地限制了中国造船业的发展。

自英国工业革命始，各国陆续进入工业时代，蒸汽船出现。中英鸦片战争后，受西方的飞剪式帆船和蒸汽机轮船启发，曾国藩、李鸿章、左宗棠等人发起洋务运动，将近代造船业引入中国，制造了中国第一艘轮船"黄鹄号"，这是近代中国工业化在船舶发展史上的体现。

近代造船业改变了传统中国舟舫的特征和意向，甚至光绪朝的颐和园石舫也在船身两侧添加了石质火轮，为清漪园[①]石舫传统的帝王、文人、圣贤意向添加了一丝西洋风格。

第二节　舟舫的精神象征与创作意向

舟船作为水上交通工具自古有之，被历代文人墨客、帝王将相赋予了独特的象征及精神意义。

《尔雅》中记："天子造舟（用船搭浮桥），诸侯维舟（并联四舟），大夫方舟（并二舟），士特舟（单舟），庶人乘桴（筏）。"[②]这一文献记录了商朝按官阶和身份等级乘船的制度。

"舟"的象征及精神意义，也远不止仪礼中的身份等级制度。与中国精英文化——士文化发展相关的舟，有三个典型的意向。

首先是君子的象征。

战国《楚辞·九歌·湘君》："美要眇兮宜修，沛吾乘兮桂舟。"东汉王逸在《楚辞章句》中注："犹乘桂木之船，沛然而行。"此后亦用"桂舟"作为对舟船的美称。北周庾信《奉和濬池初成清晨临泛》："时看青雀舫，遥逐桂舟回。"唐杨炯《青苔赋》："桂舟横兮兰枻触，浦溆澶回兮心断续。"

其次是"载舟覆舟"的隐喻。

战国时期，荀子提出著名的"载舟覆舟"说。《荀子·王制》："君者舟也，庶人者水也。水则载舟，水则覆舟。君以此思危，则危将焉而不至矣？"其后唐太宗时期著名的政治家魏征在《谏太宗十思疏》中引用"怨不在大，可畏惟人，载舟覆舟，所宜深慎，奔车朽索，其可忽乎！"成为深入君臣民心的隐喻。

最后"出世"精神的象征也贯穿在士人文化体系中。

中国历代文人的精神和思想，始终围绕出世与入世徘徊与发展。舟舫意象，作为一种文人出世情结的表征，不断被历代文士们所引用，并有着不同情境的表达。体现在诗文中，有"竹林七贤"之一的嵇康的《酒会诗七首》："淡淡流水，沦胥而逝。泛泛柏舟，载浮载滞。微啸清风，鼓檝容裔。放棹投竿，优游卒岁。"[③]一派淡泊名利，闲情逸致。东晋陶渊明诗《五月旦作和戴主簿》："虚舟纵逸棹，回复遂无穷。……即事如已高，何必升华嵩。"[④]深悟有形躯体之短促与无形精神之永恒，生出归隐之意。唐宋期间，诗词发达，以舟寄意更数不胜数。唐王昌龄《送万大归长沙》"青山隐隐孤舟微，白鹤双飞忽相见"；李白《宣州谢朓楼饯别校书叔云》"人生在世不称意，明朝散发弄扁舟"；白居易《适意》"岂无平生志，拘牵不自由。一朝归渭上，泛如不系舟"；刘禹锡《酬乐天扬州初逢席上见赠》"沉舟侧畔千帆过，病树前头万木春"；柳宗元《江雪》"孤舟蓑笠翁，独钓寒江雪"；北宋欧阳修《画舫斋记》"凡入予室者，如入乎舟中……苟非冒利于险，有罪而不得已，使顺风恬波，傲然枕席之上，一日而千里，则舟之行岂不乐哉"[⑤]；寇准《春日登楼怀归》"野水无人渡，孤舟尽日横"；南宋张孝祥《浣溪沙》"已是人间不系舟，此心元自不惊鸥，卧看骇浪与天浮，对月只应频举酒"。

① 清漪园为光绪朝之前名称，光绪朝重建之后称之为颐和园。

② 《尔雅·释水》第十二，四部备要，经部。台北，中华书局，1970年第2版。

③ 《嵇中散集》，《钦定四库全书》，文渊阁。

④ 《陶渊明集》，《钦定四库全书》，文渊阁。

⑤ 欧阳修：《欧阳修诗文集校笺（上）》卷三十九，上海，上海古籍出版社，2009年，第1002-1003页。

同样，在文人画及画论中，舟楫作为文人身心自由的象征，伴着渔父（出世文人的象征）、长河、孤山等意境，常表达隐逸、出世的情怀。如唐张彦远《历代名画记》收录的东晋戴逵《渔父图》，南朝史艺《屈原渔父图》，唐王维《摩诘寒江独钓图》《捕鱼图》《鱼市图》，唐张志和《渔歌》，唐李思训《江帆楼阁图》（图1）。王维《山水论》中也提及山水画中点景事物的运用："冬景则借地为雪，樵者负薪，渔舟倚岸，水浅沙平。"北宋《宣和画谱》收录五代后梁荆浩《秋景渔父图》《渔乐图》，荆浩的弟子关仝《江山渔艇图》《秋山渔乐图》。隋唐五代之后，文人画中渔父、舟舫题材达到鼎盛，如北宋许道宁《秋江渔艇图》，南宋李唐《清溪渔隐图》、马远《寒江独钓图》、夏圭《溪山清远图》，元赵孟頫《洞庭东山图》、元稹《渔父图》、赵雍《江山放艇图》，明邵弥《沧江渔父图》、吴伟《溪山渔艇图》《溪山濯足图》、仇英《莲溪渔隐图》（图2）、唐寅《花溪渔隐图》《溪山渔隐图》。

图1　唐李思训《江帆楼阁图》（现藏于台北故宫博物院）

图2　明仇英《莲溪渔隐图》局部（现藏于台北故宫博物院）

表 2　舟舫相关诗词

时期	作者	诗词名称	诗句
三国魏	嵇康	《酒会诗七首》之一	淡淡流水，沦胥而逝。泛泛柏舟，载浮载滞。微啸清风，鼓檝容裔。放棹投竿，优游卒岁
东晋	陶渊明	《五月旦作和戴主簿》	虚舟纵逸棹，回复遂无穷。发岁始俯仰，星纪奄将中。南窗罕悴物，北林荣且丰。神渊写时雨，晨色奏景风。既来孰不去？人理固有终。居常待其尽，曲肱岂伤冲。迁化或夷险，肆志无窊隆。即事如已高，何必升华嵩
唐	王昌龄	《送万大归长沙》	青山隐隐孤舟微，白鹤双飞忽相见
唐	李白	《宣州谢朓楼饯别校书叔云》	人生在世不称意，明朝散发弄扁舟
唐	白居易	《适意》诗之一	岂无平生志，拘牵不自由。一朝归渭上，泛如不系舟
唐	刘禹锡	《酬乐天扬州初逢席上见赠》	沉舟侧畔千帆过，病树前头万木春
唐	柳宗元	《江雪》	孤舟蓑笠翁，独钓寒江雪
北宋	寇准	《春日登楼怀归》	野水无人渡，孤舟尽日横
北宋	欧阳修	《画舫斋记》	凡入予室者，如入乎舟中……苟非冒利于险，有罪而不得已，使顺风恬波，傲然枕席之上，一日而千里，则舟之行岂不乐哉
南宋	张孝祥	《浣溪沙》	已是人间不系舟，此心元自不惊鸥，卧看骇浪与天浮，对月只应频举酒

第三节 园林中出现的舫式建筑①

在文人墨客的诗文中，最初出现的舫式建筑只是一种象征，而非真做成船形的建筑，如北宋欧阳修的画舫斋，秦观的艇斋，南宋朱熹的船斋、舫斋，陆游的烟艇，显示人们向往坐享烟水之趣、不履风波之险的生活，追求无劳无忧、无拘无束、逍遥自在的心态，这种象征意向和文人心态也启发和影响了后世文人的造园活动，在全国各地的园林中都有舫的出现。

历史上，最早有船形建筑记载的是南宋周密的《武林旧事》卷四“故都宫殿”中的“旱船”，“德寿宫”中亦有“旱船”。另外，周密《癸辛杂识》记载临安（今杭州）集芳园中有“旱船曰‘归身’”。到了明末，有关石舫旱船的记载明显增多，至清代则更多。现存的舫式建筑实物也多是清代遗物。

现存石舫的园林以江南园林居多，如南京煦园（图3），苏州拙政园（图4）、怡园、狮子林、吴江退思园，上海豫园、南翔古猗园、青浦曲水园，扬州瘦西湖西园曲水、静香书院，杭州曲院风荷等。北方园林也有石舫和船厅，如颐和园清晏舫、圆明园石舫遗迹、淑春园（今北京大学未名湖）石舫遗迹，太原晋祠、西安华清池也有石舫，济南十笏园有稳如舟船厅。岭南园林中，广东顺德清晖园、番禺余荫山房、佛山梁园、东莞可园均建有石舫或船厅。四川眉山三苏祠有船坞石舫。石舫依水而不游于水，处于陆而不止于陆，似舟非舟，似动还静，营造园林独特优美的景观，意境、哲理深邃，给人以无穷的联想。

清代康熙帝和乾隆帝数次下江南，对江南园林颇为流连，把江南造园艺术引入皇家园林，石舫也随之大量出现在皇家园林中。

图3 南京煦园不系舟②

图4 苏州拙政园香洲

表3 各朝代石舫相关记载梳理

朝代	相关记载
北宋	欧阳修《画舫斋记》，只是象征，非船型建筑
南宋	周密《武林旧事》《癸辛杂识》，出现“旱船”
明末	无锡邹迪光《愚公谷乘》：说“愚公谷”（俗称“邹园”）有“阁前一池，屋跨其上，状如‘舸’，曰‘半舸’”
	北京米万钟的勺园：“而跨水之第一屋，曰：‘定舫’，“南有屋，形亦如舫，曰‘太乙叶’，盖周遭皆白莲花也”
	祁佳彪《越中园亭记》载：“苍霞谷”，“堂之左有楼，望之若雪溪一舫”
	周维权《中国古典园林史》（第二版）中引，宋介之《休园记》曰：“水池之北岸建屋如舟形”
	王世贞弇山园内亦有“舫屋”
	上海南翔古猗园戏鹅池：“不系舟”石舫，闵士籍初建于明万历年间（1573—1620年），沈元禄于乾隆十三年（1748年）作《古猗园记》，记曰：“为‘采香廊’，廊尽有亭，亭之左，作水周之轩，为‘书画舫’，在‘戏鹅池’上。”

① 何建中.不系之舟——园林石舫漫谈[J].古建园林技术,2011(2):55-57,32,68.

② 本书照片若无特殊说明，均为本文作者拍摄。

续表3

朝代		相关记载
清代	皇家园林	颐和园：石舫，建于乾隆二十年（1755年），上舱楼原为官式木构建筑，光绪年间改建为西式楼房，并改名为清晏舫
		承德避暑山庄：云帆月舫，建于康熙四十二年至康熙四十七年间（1703—1708年），现已不存
		承德避暑山庄：雀舫，建于乾隆八年（1743 年），现已不存
		静宜园：绿云舫
		静明园：书画舫
		南苑团河行宫：狎鸥舫
		圆明园：岚镜舫、绿帷舫
清代	北方私家园林	北京淑春园（今北京大学未名湖）：乾隆时的权臣和珅所建的石舫
		绮园（索家花园）：仿自江南的船厅
		澄怀园：乐泉西舫
		济南十笏园："稳如舟"船厅，于光绪十五年（1889 年）建成
	南方私家园林	南京煦园："不系舟"石舫，为乾隆十一年（1746 年）两江总督尹继善所建
		苏州拙政园："香洲"石舫，建于清后期同光年间（1862—1908 年）
		怡园："画舫斋"及石舫，建于同光年间
		吴江退思园："闹红一舸"及船厅，建于光绪年间
		狮子林：石舫，建于近代 1918—1926 年
		上海青浦曲水园："舟而非水"旱船，建成于乾隆五十四年（1789年）左右
		豫园：始建于明嘉靖三十八年（1559 年），清乾隆中叶重修为一所大型园林，其时园内有烟水舫与濠乐舫
	岭南私家园林	广东番禺余：荫山房，建于同治十年（1871 年），船厅"榕荫待渡"，建于 1922 年
		顺德清晖园：始建于明末，清乾隆时（1736—1795 年）重修，池侧有双层船厅
		佛山梁园：建于清嘉道年间（1796—1850 年），有石舫
		东莞可园：建于清道光三十年（1850 年），有临水船厅"雏月池馆"
近现代		苏州狮子林：西式石舫，建于 1918 年至 1926 年间
		山西太原晋祠：难老泉边有一不系舟，是1930 年所建，旧有冯玉祥题额
		陕西西安华清池：龙石舫，建于1956 年

表4　各地域石舫相关园林梳理

地域	对应园林名称				
江南	南京煦园	苏州拙政园、吴江退思园、狮子林、怡园	上海豫园、南翔古猗园、青浦曲水园	扬州瘦西湖西园曲水、静香书院	杭州曲院风荷
北方	北京颐和园	北京圆明园	淑春园（今北京大学未名湖）	济南十笏园	太原晋祠、西安华清池
岭南	广东顺德清晖园	番禺余荫山房	佛山梁园	东莞可园	
西南	四川眉山三苏祠				

第四节　清代皇家园林中的舫式建筑

舫作为园林中一种特别的建筑形式，备受清代皇家园林建设者青睐，并被赋予了丰富的精神意象。

乾隆帝自诩文采卓然，并有众多留存的诗作、画像显示他偶以文人自居的情怀。特别是乾隆帝六下江南，因此他创作的众多园林意向均仿自江南园林，舫式建筑被大量借鉴，在大内、行宫、离宫御园中普遍设置，如承德避暑山庄"云帆月舫"、南苑团河行宫"狎鸥舫"、香山静宜园"绿云舫"、玉泉山静明园"书画舫"、清漪园"石舫"等，几乎涉及了所有重要的清代皇家园林。

这几座石舫随园林的命运沉浮，现存的仅有颐和园石舫。圆明园石舫的船身遗存，船基比颐和园石舫更为扁平，船首和船尾的翘起都很不明显，造型上更平稳、闲适，少了颐和园石舫的迎风破浪之感。

图5 圆明园遗存的石舫船基（远景）

图6 圆明园遗存的石舫船基（近景）

表5 清代皇家园林中的舫式建筑

名称	园林	年代	相关史迹
云帆月舫	承德避暑山庄	康熙四十二年至康熙四十七年（1703—1708年）	实物不存，图及文字出自郭俊纶《清代园林图录》
绿云舫	静宜园	乾隆十年（1745年）	图文出自乾隆十一年御制诗《绿云舫》诗及序
书画舫	静明园	乾隆十八年（1753年）	“静明园十六景”“峡雪琴音”内景
石舫	清漪园	乾隆二十年（1755年）	实物
狎鸥舫	南苑团河行宫	乾隆四十七年（1782年）	文出自乾隆四十七年御制诗《狎鸥舫》
岚镜舫	圆明园	雍正时期	图出自《圆明园图咏》“西峰秀色”景内
绿帷舫	圆明园	雍正时期	“四宜书屋”（安澜园）景内

图7 承德避暑山庄：“云帆月舫”（来源：郭俊纶《清代园林图录》）

图8 香山静宜园：绿云舫（来源：张若澄《静宜园二十八景图》，现藏于故宫博物院）

表6 乾隆御制诗中的舫式建筑

御制诗题	内容
《绿云舫》序	园中水皆涓涓细流，不任舟楫，因仿避暑山庄内云帆月舫斋室而以舫名之。盖自欧阳氏画舫而后人多慕效之者，夫舟之用以水居无异陆处为利，而陆处者又以入室如在舟中为适。然则山居水宿，无事强生分别。况载舟覆舟为鉴，又岂独在水哉
《绿云舫》	是处绿阴稠，几余静憩留。烟霞常荟蔚，鱼鸟任飞浮。不系乔松畔，将寻古渡头。周髀归妙契，天地一虚舟
《狎鸥舫》	室如舫而厚非舫，取适名之曰狎鸥。我岂诗人卢杜类，箕畴惟是慎先忧

除了圆明园石舫外，其他皇家园林中可考的舫式建筑遗存属于另一种“画舫斋”形式。这种形式不若石舫建于水上，直白地表达“舟舫建筑”的寓意，而借欧阳修《画舫斋记》抒发帝王的政治抱负与人生追求。

承德避暑山庄的“云帆月舫”，建于康熙四十二年至四十七年间（1703—1708年），实物已不存，从郭俊纶的《清代园林图录》收录的一张“云帆月舫”景色图可知，它虽临湖而建却在岸边土地上，二层屋身狭长、廊庑相连，与颐和园石舫上船屋相似。此舫被描述为“临水仿舟形为阁，广一室，袤数倍之。周以石栏，疏窗掩映，宛如驾轻云，浮明月。上有楼可登眺，亦如舵楼也。”[①]意向接近欧阳修《画舫斋记》中描述的画舫斋，“……名曰画舫斋。斋广一室，其深七室，以户相通，凡入予室者，如入乎舟中。其温室之奥，则穴其上以为明；其虚室之疏以达，则栏槛其两旁以为坐立之倚。凡偃休于吾斋者，又如偃休乎舟中。山石巉崒，佳花美木之植列于两檐之外，又似泛乎中流，而左山右林之相映，皆可爱者。因以舟名焉。”[②]

乾隆帝在静宜园扩建中修筑的“绿云舫”则直接仿自“云帆月舫”，乾隆帝的御制诗《绿云舫》序中更直抒胸怀，表达对欧阳修“画舫斋”的写仿，“盖自欧阳氏画舫而后人多慕效之者，夫舟之用以水居无异陆处为利，而陆处者又以入室如在舟中为适。然则山居水宿，无事强生分别。况载舟覆舟，为鉴又岂独在水哉！”[③]

乾隆三十七年（1772年）兴建团河行宫，四十二年行宫建成。狎鸥舫是乾隆帝所命名的团河八景之一，狎鸥舫位于西湖西岸，归云岫东南，与归云岫之间有曲尺形游廊连接，亦为水柱殿，五开间，舫有石阶与水面相接，可由此处登船泛舟游览。风格简朴素雅，与“云帆月舫”“绿云舫”相似，“室如舫而原非舫[④]”写仿“画舫斋”。

乾隆帝营造的这批舫式建筑与两种意象相关：一是“骇浪如是起，磐石以为固”的石舫，二是欧阳修《画舫斋记》所代表的历代传统士文化中舟舫。

① 《钦定热河志》卷二十九，见文渊阁《四库全书》电子版，上海，上海人民出版社，1999年，第11页。

② 《欧阳修诗文集校笺（上）》，卷三十九，上海，上海古籍出版社，2009年，第1002-1003页。

③ 《钦定日下旧闻考》，卷八十六[M/OL]//文渊阁《四库全书》电子版，上海，上海人民出版社，迪志文化出版有限公司，1999年。

④ 《乾隆御制诗》第七册，卷八十七，乾隆四十七年《狎鸥舫》。

第二章　清晏舫的历史变迁与营建过程研究

Chapter 2 Study on the Historical Changes and Construction Process of Qingyan Boat （Marble Boat)

清晏舫（石舫）位于颐和园万寿山前山西部，是昆明湖岸边重要的点景建筑。石舫始建于乾隆朝，咸丰十年（1860年）被焚毁，光绪朝重建并更名为清晏舫。本章根据《崇庆太后万寿庆典图》《石舫等处陈设清册》等图文资料，对乾隆朝石舫的空间布局、平面布置及建筑形象进行分析，并对其室内空间及陈设进行复原，再结合《清漪园等处工程奏销档》等材料，复原光绪朝清晏舫重建时的营建过程。

The Qingyan Boat (Marble Boat) is located in the west of the front hill of Wanshou Mountain in the Summer Palace, and is an important point of view building on the shore of Kunming Lake. The Marble Boat was built in the Qianlong Dynasty, burned down in the tenth year of Xianfeng (1860), and rebuilt and renamed as Qingyan Boat in the Guangxu Dynasty. This chapter analyzes the spatial layout, plan layout and architectural image of the Marble Boat in the Qianlong Dynasty according to the graphic and cultural materials such as the "Celebration of Longevity for the Empress Dowager Chongqing" and the "Inventory of the furnishings of the Marble Boat and other places", and restores its interior space and furnishings as well as the rebuilt construction process of the Qingyan Boat in the Guangxu Dynasty according to the materials such as the " Construction Files of the Qingyi Garden and Other Places".

第二章　清晏舫（石舫）的历史变迁与营建过程研究

执笔人：张龙、朱琳、王博

第一节　清漪园石舫的诞生及精神象征

一、石舫的诞生

乾隆九年（1744年），圆明园扩建工程告一段落时，乾隆皇帝写了一篇《圆明园后记》夸耀其功，并昭告天下："后世子孙必不舍此而重费民力以创建苑囿，斯则深契朕发皇考勤俭之心以为心矣"，以表其节俭及孝悌之心。但在乾隆十五年（1750年），乾隆帝又开始兴建一处皇家园林，即颐和园的前身——清漪园。石舫①位于清漪园昆明湖西北隅，乾隆帝起意再兴建清漪园之前，昆明湖原名西湖，又名瓮山泊，万寿山原名瓮山。瓮山一带是内务府上驷院的马厩和犯事太监被罚圈禁、割草的场所。

在整治京城水利、疏浚西湖的外部诉求下，西湖拓湖、清淤，乾隆十五年（1750年）三月改西湖名为昆明湖，翁山为万寿山，并在瓮山圆净寺旧址兴建大报恩延寿寺，庆祝翌年皇太后钮钴禄氏六十整寿。乾隆帝终是以整治水利和为母尽孝为理由开始大规模兴修自己心目中的完美园林——清漪园。

乾隆帝酷爱江南风景，曾六下江南，在清漪园的建设中极尽写仿杭州西湖景区，大力整治湖山格局，石舫正是万寿山南麓以及昆明湖堤、岛上的厅、堂、亭、榭等点缀山湖的园林建筑之一。据《呈清漪园总领副总领园丁园户园隶匠役闸军等分派各处数目清册》记载，石舫是在乾隆十九年（1754年）以前，完成的第一批点景建筑之一。

二、画舫斋与乾隆帝"内圣外王"③

清代皇家园林中，乾隆帝参与创作的多处画舫建筑都与欧阳修的《画舫斋记》关系密切。

乾隆帝摹写欧阳修的《画舫斋记》，在某种程度上，正是出于对这种"穷也乐，通也乐"的士人精神的崇尚，对欧阳修所代表的"慨然以天下为己任"的士大夫阶层的推重。事实上，作为"成功的按儒家模式塑造成的杰出的封建帝王"②，乾隆帝始终将"内圣外王"作为不渝的人生追求。

若仅从这些舫式建筑和它们名称及乾隆帝诗作折射出的解释学意义来看，不能尽意地观照乾隆帝"内圣外王"的精神追求，那么他在乾隆二十二年（1757年）亲手打造的园中园精品——画舫斋（图9），更直白地写仿欧阳修《画舫斋记》。整个组群从格局、建筑命名到乾隆帝的御制诗文都更清晰深刻地观照着这一主题。

① 乾隆朝称"石舫"，光绪朝及以后称"清晏舫"。

② 戴逸：《乾隆帝及其时代》，北京，中国人民大学出版社，1992年。

③ 王其亨，庄岳.数典宁须述古则，行时偶以志今游：北海画舫斋的古典解释学创作意象探析.建筑师，2000（91）：76-85.

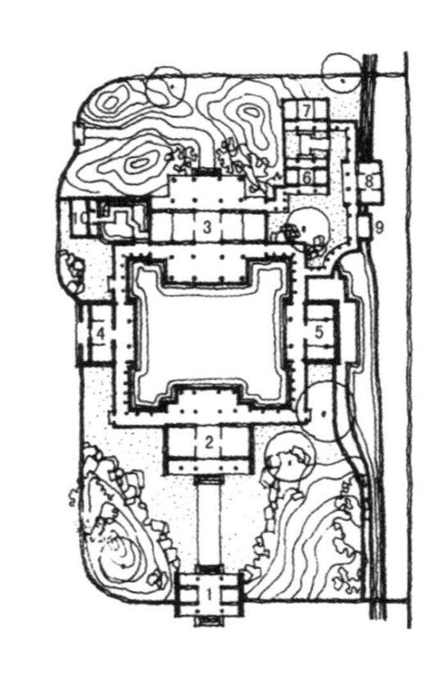

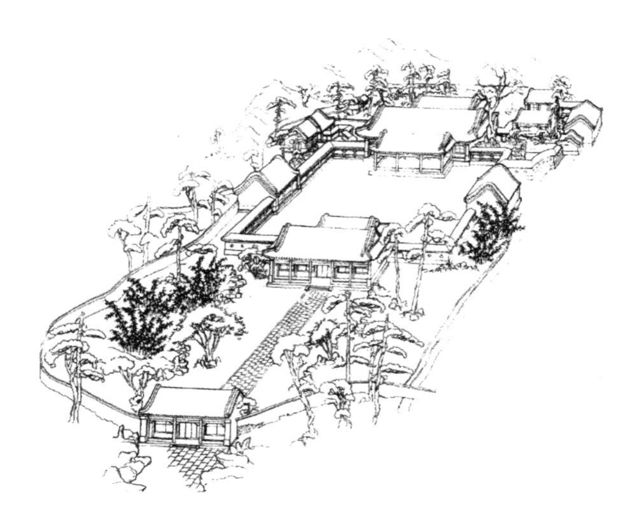

图9　左：画舫斋平面（来源：《清代御园撷英》）；1.宫门；2.春雨林塘殿；3.画舫斋；4.观妙；5.镜香；6.古柯庭；7.奥旷室；8.德性轩；9.绿意廊；10.小玲珑
右：画舫斋鸟瞰图（来源：庄岳《文则彼佳矣，义斯我绎之——北海画舫斋的解释学创作意象再探》）

画舫斋前院所展现的就是一种“王”者空间：宫门、春雨林塘殿、画舫斋沿南北轴线布置，形成纵深序列；从宫门到前院再到主院，空间次第开放，趋于严整、开阔；主院规矩对称，周围环以连廊，空间相对封闭；观妙、镜香配置画舫斋东西，主从分明。庭间水池方正清明，由“波澜意”观照“载舟覆舟”的殷鉴而实现“外王”；自西面的小玲珑院落及东面由奥旷室、绿意廊等围合而成的古柯庭却深邃曲抑，一派士人园林风范，能使人静心性而成就“内圣”。二者相辅相成，以建筑语言对“内圣外王”做出富有创意的读解。其中充溢了“舟、水”意象的主庭，作为画舫斋前院的关键之笔，更有值得探究的深层含义。

乾隆时的清王朝，国力鼎盛，吏治民安，堪与唐朝的“贞观之治”媲美；事实上虚己纳谏的唐太宗也正是乾隆帝施政的楷模，他赞赏太宗“即位之后励精图治，损己利人，爱民从谏，躬行仁义……可谓三代以下特出之贤君矣”[①]。高瞻远瞩、敢于直言进谏的魏征也同样赢得乾隆帝称道：“谏诤之臣，而必以魏郑公为首者，以其能格君之心也。郑公之奏疏多矣，而必以《十思疏》为冠者，以其就发谋出虑之始而俾知所致谨也。”这篇《谏太宗十思疏》作于“贞观之治”巅峰期，其中魏征曾援引《荀子》“君者舟也，庶人者水也。水则载舟，水则覆舟”的格言劝谏太宗，指出：“怨不在大，可畏惟人，载舟覆舟，所宜深慎，奔车朽索，其可忽乎！”对此，乾隆帝不仅深以为然，并清醒认识到：

> 至于守成之主，席丰履厚，易至于骄，骄则怠生焉……故陈宵旰于太平之时，言茅茨土阶于玉陛之世，辄厌而不纳是非。安不忘危，存不忘亡，鲜有不盛满中之者。以此思难则所以持难者可知矣……[②]

尤应指出的是，对于乾隆帝而言，满清入主中原，辽、金、元、明的殷鉴不远，守成基业更非易事，《谏太宗十思疏》与传统的“载舟覆舟”说因此就具有了非常现实的意义，并作为理念原型移植到“外王”的建筑空间中。乾隆帝有关画舫斋的大量诗句就曾反复阐明了这一点：“譬如水载舟，前贤揭其旨”[③]；“祗有载舟规义切，《十思疏》书里得吾师”[④]；“魏征《十思疏》堪忆，载覆其间深慎该”[⑤]。在这里，舟即画舫斋，水即水院，被寓意为“君”之于“民”，二者的关系既是空间构成的重点，更是守成时期“外王”事业的核心象征。对于君民这种既对立又统一的辩证关系，乾隆帝甚为精谙，他曾写道：“盖君之于民，其犹舟之于水耶。舟不能离水而成其功，人主亦不能离民而成其治。”[⑥]这里强调的主体是舟而不是水，不是原型中舟被载、被覆的陈词，而是因势利导、扬帆远航的新题。乾隆帝的这种“外王”体悟也直接指导了造园实践。

画舫斋中轴线上第一座主要建筑冠名为“春雨林塘”，位置举足轻重，与画舫斋形式相仿并遥相呼应；而按五行说，“春”与“民”意义相通，命名及建筑形式、位置的斟酌，体现出乾隆帝对于各地的晴雨旱涝、收成丰歉的极大关注和对“民生”的高度重视，所谓“民为邦本”，唯有民丰才能享年久远、国祚绵长。富于隐喻色彩的建筑语言构建起一个充满政治意象的理想空间，无怪乾隆帝燕居其中而能时时警醒：“每当适意多惭面，为有民艰默忖中。”[⑦]

对原型的充分演绎使画舫斋前院涵盖了丰富的精神内涵。正因此，乾隆帝自诩：“以斯义置欧阳氏，创见还矜略胜他。”[⑧]在这里，可为乾隆帝的解读方式作出现代诠释的莫过于伽达默尔指出的：对艺术作品的欣赏不是被动地去把握，而是要积极地去再造和组合作品的意义；艺术品正是借读者解释的进入而取得艺术生命的延续[⑨]。

乾隆帝自诩的对欧阳修的这种超越，对自己“守成”功业的不敢怠慢和一丝不苟，恰好在石舫上得到了另一种角度的诠释。

三、石舫与“骇浪如是起，磐石以为固”

乾隆帝曾六下江南，皇家园林又极尽写仿江南园林之能事，并且他对中国传统士文化及儒家“内圣外王”思想之孺慕，在建设园林中大量建设这类石舫建筑，就不足为奇了。嘉庆十二年（1807年）《石舫等处陈设清册》（见附录3），详细记录了石舫内部空间陈设，再现了乾隆帝在此吟诗作赋、弹琴奏乐、品阅诗文、弄赏

① 《唐太宗论》，《清高宗（乾隆）御制诗文全集》，乐善堂全集，卷五，第83页。

② 《创业守成难易说》，《清高宗（乾隆）御制诗文全集》，御制文初集，卷三，第338页。

③ 《画舫斋》，《清高宗（乾隆）御制诗文全集》，诗三集，卷五，第309页。

④ 《题画舫斋》，《清高宗（乾隆）御制诗文全集》，诗二集，卷八十七，第773页。

⑤ 《题画舫斋》，《清高宗（乾隆）御制诗文全集》，诗五集，卷十三，第417页。

⑥ 《乾隆七年三月廷试贡士策问》，《清高宗（乾隆）御制诗文全集》，御制文初集，卷十四。

⑦ 《题画舫斋》，《清高宗（乾隆）御制诗文全集》，诗三集，卷三十，第668页。

⑧ 《坐冰床至画舫斋题句》，《清高宗（乾隆）御制诗文全集》，诗四集，卷九，第361页。

⑨ 张汝伦：《意义的探究：当代西方释义学》，沈阳，辽宁人民出版社，1986年。

墨宝、修身养性之景。此外，石舫建成后，乾隆帝共创作41首咏石舫的御制诗，可见石舫是他十分得意并经常流连的作品之一。从这些御制诗文中，也不难看出乾隆帝的追求。

1.乾隆帝《石舫记》

清漪园石舫建成时，乾隆帝所著的御制诗文《石舫记》是对完全写实的船形建筑的具体描述，文曰："自茅茨土阶以来，为室者必有阶，为阶者率以石，所以去湫湿，就高明。栋宇以安，固其基址。陛九级，廉远地则堂高，陛无级，廉近地则堂卑。古人所以为喻也。至乃步墹扣砌，左碱右平，设切崖隒，山墁水矶，虽华质殊制，高下异施，其所以限柱础而承屋基，则一耳。余之石舫，盖筑之昆明湖中，不依汀傍岸，虽无九成之规，而有一帆之概。弥近烟云之赏，迥远风浪之惊。鸥鹭新波，菰蒲密渚。涌金漪而月洁，凝玉镜而冰寒，四时之景不同，朝暮之观屡易。彼之青雀黄龙，虽资济川，亦虞穿线，则何如一肖形而浮坎止艮，义两存焉。非徒欧米之兴慕也。且田盘之浮石，奇则奇矣，而或需乎云，香山之绿云，似则似矣，而或乏乎水。若夫凛载舟之戒，奠磐石之安，虚明洞达，职思其居，意在斯乎！意在斯乎！"从石舫"依水而不游于水，处于陆而不止于陆，似舟而非舟，似动而还静"的造型特征，引申到营建者的精神世界，给人以无穷的联想，创造了深邃的意境，具有极深的哲理。

2.乾隆帝"石舫"御制诗

自石舫建成，除《石舫记》外，乾隆帝共作有41首《石舫》御制诗，从中可以一窥乾隆帝的精神世界。

①乾隆二十一年："载舟昔喻存深慎，磐石因思永奠安。"

此诗表达"水能载舟亦能覆舟"的执政思想。

②乾隆二十五年："历咏故新句，坐看来往船。彼原有所待，此舫只如然。"

此处通过石舫的静来对比周遭的动，隐喻大清江山不因周遭战乱而动摇地位。

③乾隆二十六年："烟舫欲登由石舫，若为止者若为行。金刚四句分明注，一切无非强与名。"

乾隆帝在此时已将《金刚经》"一切有为法，如梦幻泡影，如露亦如电，应作如是观。不取于相，如如不动"的人生之理与石舫结合在一起。

④乾隆三十一年："书舫每来石舫舣，一般舫趣两般情。座中驰目观回棹，彼见非行此见行。"

此处与一般船只的动静比较体现乾隆帝想营造出彼动此不动的精神世界以及大清江山舍我其谁的执政思想。

⑤乾隆三十一年："水落曾无碍，涨增亦若斯。相嬴刳木者，浮沉藉他为。"

对普通船只来说，潮涨潮落，风雨朝夕，都可谓是主沉浮之者，而对青白石为基座的石舫来说，浮沉皆不受外界因素控制，这是执政者再次宣告"外王"的霸气，同时也透露着注重自身的修炼，即"内圣"。

⑥乾隆三十三年："石舫不可浮，常系湖之涘。放舟与舣舟，却每因于是。"

此句依旧强调石舫恒静的特点。

⑦乾隆三十五年："水深亦不浮，水浅无妨泊。是谓大自在，亨屯视总漠。几净簟还凉，拈毫兴堪托。向来忧欣怀，毕竟为何若。"

将石舫不随外界因素而动摇的特点与自己得失忧心相对比，抒发无限感慨，表达乾隆帝超越坎坷人生、清虚淡泊、恬静旷达的精神追求。

⑧乾隆四十二年："冻则为冰融则水，冰床水艇用斯殊。岸傍不系而舟者，胜以其间分别无。"

乾隆四十二年："冰化则行冻则止，寻常舫实只如斯。输兹石者舣兹岸，两字不迁恒得之。"

四时之景的更替，如露亦如电，对于石舫来说，都毫无分别，此处也是对《金刚经》那句偈文的再次呼应。

⑨乾隆五十四年："兰舫将登岸，必依石舫傍。可参动与静，并识幻和常。常者动偏属，静翻幻岂妨。有为如是观，所以示金刚。"

这首诗依乾隆帝关于石舫的作诗时间顺序来说排在末尾的阶段，而"有为如是观，所以示金刚"这句更揭示了乾隆帝对《金刚经》的研读及自卑思想的升华（图10~12）。

图 10　乾隆皇帝朝服像（来源：故宫博物院）

图 11　乾隆皇帝儒生像（来源：故宫博物院）

图 12　乾隆皇帝菩萨像（来源：故宫博物院）

四、石舫“坚若磐石”：乾隆帝“内圣外王”的执政思想

石舫运用解释学创作手法，以石舫的“似舟而非舟，似动而还静”的特点，来引申并着力表现儒学“内圣外王”的至高理想，反映乾隆帝对尧舜圣明君主的毕生追求与执政思想。

石舫坐落于昆明湖西北部水中，基础无台阶，不与岸相连，一反传统建筑的营造制度。正如乾隆御制诗文《石舫记》中明言，“自茅茨土阶以来，为室者必有阶……陛无级，廉近地则堂卑。”从古至今，所建宅宇必有台阶，且为了除去建筑底部的潮湿，需将台阶建于九级之高，若建筑中无台阶，则代表此建筑的等级卑微。诗中又言“余之石舫，盖筑之昆明湖中，不倚汀傍岸，虽无九成之规，而有一帆之概。”可见，乾隆帝修的石舫虽然打破了传统的建筑固有形式：基础无阶，浮于水上，却有似船的造型，以物起兴。文章又引申道“弥近烟云之赏，迥远风浪之惊。鸥鹭新波，菰蒲密渚。涌金漪而月洁，凝玉镜而冰寒，四时之景不同，朝暮之观屡易。彼之青雀黄龙，虽资济川，亦虞穿线，则何如一肖形而浮坎止艮，义两存焉。”点出乾隆帝建造石舫的三种精神层面的含义：其一，对周围“四时之景不同，朝暮之观屡易”的动态环境描写，旨在反衬石舫的坚如磐石、动中恒静的特点；其二，“彼之青雀黄龙，虽资济川，亦虞穿线，则何如一肖形而浮坎止艮，义两存焉。”虽然青雀黄龙舟耗资奢华，价值非凡，却有拉线引线的麻烦，又怎能与安如泰山的石舫相比较？这点在乾隆御制诗中也有体现，“常年棠棣舣湖隈，湖上行春隔岁来。却笑黄龙与青雀，浮波还有待冰开”；其三，尚且在行驶的青雀黄龙舟上可观赏到屡易的朝暮之观，在不动的石舫中亦能观看到如此变幻莫测的风景，既而抒发一种此不动而静观彼动的精神含义。接着又进一步发挥：“非徒欧米之兴慕也……若夫凛载舟之戒，奠磐石之安虚明洞达，职思其居，意在斯乎！意在斯乎！”更深刻地表露了他的创作理念：《庄子》中“内圣外王”；《论语·颜渊》中“己所不欲，勿施于人”；《论语·宪问》中“修己以敬”“修己以安人”“修己以安百姓”；《雍也》中“夫仁者，己欲立而立人，己欲达而达人”；《孟子》中“穷则独善其身，达则兼善天下”；《荀子·解蔽》中“圣也者，尽伦者也；王也者，尽制者；两尽者，足以为天下极矣”，再到欧阳修的“穷也乐，通也乐”，正是这一行贤士行为准则的生动再现，以及乾隆帝对士人精神的崇尚。因此推测，作为“成功地按儒家模式塑造成的杰出的封建帝王”，乾隆帝兴建石舫的意图，在于抒发“内圣外王”的执政思想与精神世界。

1. 石舫体现“外王”的执政思想

坚如磐石的石舫建筑，永远静止地浮于朝暮屡易的湖水之上，所展现的就是一种“王”者风范，正如乾隆御制诗中明言，“雪棹烟篷何碍冻，春风秋月不惊澜。载舟昔喻存深慎，磐石因思永奠安。”任周遭环境变幻莫测，毗邻国家战乱纷繁，而我大清王朝仍岿然不动，太平盛世，其耐我何？

石舫还有“载舟覆舟”之意，此理念并非乾隆帝首创，早在《荀子》中就有：“君者舟也，庶人者水也。水则载舟，水则覆舟”，而后至“贞观之治”巅峰时期，高瞻远瞩、敢于直言进谏的魏征就援引此格言，以《谏太宗十思疏》劝谏太宗，指出“怨不在大，可畏惟人，载舟覆舟，所宜深慎，奔车朽索，其可忽乎！”对此，一直将虚己纳谏的唐太宗作为施政楷模、对如魏征般直言进谏的忠臣求贤若渴的乾隆帝深深意识到，若想成功守业，《谏太宗十思疏》与传统的“载舟覆舟”说便具有非常现实的意义。而与传统的不同之处在于，乾隆帝对于舟水、君民对立统一的辩证关系，有更深的见解，他曾写：“盖君之于民，其犹舟之于水耶。舟不能离水而成其功，人主亦不能离民而成其治[①]。”更有，乾隆帝作为理念原型移植到“外王”的建筑空间中的石舫属于完全写实型，形似逼真的西洋大轮船，似乎正欲劈波破浪驶向远方。可见，乾隆帝强调的主体是舟而不是水，不是原型中舟被载被覆的陈词，而是因势利导扬帆远航的新题。

石舫坚如磐石的基础，处变不惊的船体，以己静观彼瞬息万变，正是乾隆帝这种“外王”体悟的最佳诠释。

2.石舫体现乾隆帝“内圣”的执政思想

通过石舫在水中坚固的造型来实现“外王”，而石舫的内部陈设（表7），可以让我们了解到乾隆帝在石舫中的行为活动：阅《春秋集传》，作御制诗，赏书品画，挥毫泼墨，时而奏乐，时而小憩，一派文人之隐居风范，这正是能使人静心修性而成就“内圣”的室内空间。

表7 《石舫等处陈设清册》分类统计

功能	类型	陈设
生活起居	宝座	紫檀雕树根式宝座；黄地宋锦坐褥；黑漆金花杆紫檀座，宝座后安紫檀雕树根式边座，素玻璃三屏照背一座，背板刻御笔字匾对，御制诗
	床褥	楠柏木包镶床；红白毡；凉席；红猩猩毡
	生活用品	紫檀诗意嵌三块玉如意一柄；红填漆有盖痰盆；棕竹胶黑面扇；鸾翎宫扇一对；自鸣钟一架；雕紫檀嵌珐琅插屏；紫檀嵌文竹船一对；文竹嵌玉炉瓶盒一分；青绿索子有盖，三足调和壶一件，高丽木座；镶紫檀边豆瓣南心小香几一件
弹琴奏乐	鼓	青绿诸葛鼓二件，木槌楠木架座
	琴桌	紫檀铜角豆瓣南心琴桌一张
	《御制新乐府文集》	《御制新乐府》二套（各二本），《御制拟白居易新乐府》一套四本
笔墨弄赏	书画	书画14张；画对3副；金廷标《风雨归舟画》一轴；蔡远着色画一轴
	御笔字	挂屏35件；横批7张；字条11张；字斗1张；字匾1面
	笔墨工具	菠萝漆几腿案一张；寿字竹笔一枝；斑竹笔一枝；竹木笔各二枝；青汉玉花凤笔架一件；霁红瓷纸捶瓶一件；黑石砚一方，黑漆嵌玉匣盛；御题黑石砚六方；雕竹笔筒一件
吟诗作赋		《御制诗三集》一部八套（六十二本）；《御制开惑论册页》一册（钱汝诚字、紫檀壳面）；《御制石舫》一册（汪由敦字）；《御制重修文庙碑记》墨刻一册，《御纂历代三元甲子编年万年书》一套；《御制万寿山昆明湖记》一册（钱维城字）
品阅诗文		《春秋集传》一部；《四御制万寿山五百罗汉堂册页》一册；《全唐诗》一部十二套，计一百二十本；《世宗宪皇帝御制文集》一部二套，十六本
		《圣驾六旬册页》十二册；《圣驾南巡册页》八册；《圣驾五旬大庆万寿诗册页》二十四册；《圣驾临幸翰林院礼成恭送册页》一册
		《古稀说》一套，一本（五十四年告成）；《万寿盛典》一部四套，四十本；《恩赐御临米帖恭记诗》一册；《清字盛京赋》一套，一本
		《蒙古源流》一套；《清文蒙古源流》一套；《汉文蒙古源流》一套
		彩漆手卷册页盒一对

石舫“二层北一间，面南安楠柏木包镶床三张，床上设《御制万寿山昆明湖记》，红雕漆四层方胜盒一对，盒内置《圣驾南巡册页》八册；墙上贴御笔横批一对；面西墙上贴，钱维城山水横批画一张；下案设《御制全韵诗》一套，紫檀嵌玉字八方盒一件，内盛《御制新乐府》二套；对面安紫檀边黑漆金花炕案一张，上设《月令辑要》一部二套；靠南墙安，紫檀铜角豆瓣南心琴桌一张；墙上挂金廷标《风雨归舟画》一轴。”

① 《乾隆御制诗》初集，卷十四，乾隆七年《乾隆七年三月廷试贡士策问》。

身处在这艘石舫之中，再有外景的交相呼应：湖水清而无尘，微风轻而无声，石畔转而无险，杨柳妖而无媚，多巧灵通，丝丝入心，在此宁静幽深的环境之下，起笔作赋，拨弦奏乐，何尝不是一种随性而起、自然随心的行为呢？正如乾隆帝诗中道“爽延纳风窗，阴护遮曦幕。几净簟还凉，拈毫兴堪托。”[①]而《月令辑要》一部二套的陈设，有助于境界的提升，“春风秋月不惊澜”[②]，“玉海波澜宛若浮”[③]，上句借宁静月色言佛学之境，下句以如玉般粼粼的水面彰显儒家“玉比君子德”的意象，这两句正体现出以儒入佛，也即禅学的精妙境界。又引申道：“舫行为动舣为静，此舫静恒无动时。小坐篷窗试返已，动多每觉愧乎兹”[④]，所表达出每当石舫的静与自己内心的动相比较时，总感觉些许的惭愧，也正体现了乾隆帝谋求内心净化与修养的宗旨。

营建似船的室内空间，并非乾隆帝首创，早在北宋，名士欧阳修曾作《画舫斋记》，文曰：“余至滑之三月，即其署东偏之室，治为燕私之居，而名曰画舫斋。斋广一室，其深七室，以户相通。凡入予室者，如入乎舟中。”可见，欧阳修的画舫斋室内与船有相似之处。之后“盖舟之为物，所以济难而非安居之用也”，“而乃忘其险阻，犹以舟名其斋，岂真乐于舟居者邪”，点出欧阳修曾经被贬，行走于江湖之间，总计水路行程几万里，其间途路蹇阻多难，饱受惊吓，而如此之险的乘船经历，为何还以舟命名？“使顺风恬波，傲然枕席之上，一日而千里，则舟之行岂不乐哉”揭晓命名原委，深刻地表露“穷也乐，通也乐”的创作理念，这也正是孟子“穷则独善其身，达则兼善天下”这一士人行为准则的生动再现。

乾隆帝通过营建这座外有流水，内有厅、堂、书、酒、乐、弦的石舫，所要表达的“内圣”思想，与素有“诗魔”之称的唐代诗人白居易的《池上篇》不谋而合，文曰：“十亩之宅，五亩之园。有水一池，有竹千竿。勿谓土狭，勿谓地偏。足以容膝，足以息肩。有堂有庭，有桥有船。有书有酒，有歌有弦。有叟在中，白须飘然。识分知足，外无求焉。如鸟择木，姑务巢安。如龟居坎，不知海宽。灵鹤怪石，紫菱白莲。皆吾所好，尽在吾前。时饮一杯，或吟一篇。妻孥熙熙，鸡犬闲闲。优哉游哉，吾将终老乎其间。”白居易隐退之后，对无名利之争的闲静养老之地洛阳充满亲近感，并将杭州的天柱石、华亭白鹤，苏州的太湖石、白莲、折腰菱、青板舫，长安的食物、书籍、乐童等白居易喜好的物与人，都搬入或移置在其履道里官邸内。池边的整个风景正如《闲趣自题》所吟咏的那样“寂无城市喧，渺有江湖趣”，风光明媚、宁静悠远，描写的住宅和庭院体现出人与人、人与植物、人与动物之间的相互交流，正是他所期待的万物悠然自得的理想之乡。而“清静”“清澄”“清淡”的池中之水，也是白居易精神世界的写照。对白居易而言，池边不仅是观赏和游乐的地方，也具备洗涤身心杂质、反省个人生活的双重意义。而“有叟在中，白须飘然”引申出白居易将自身同化为“池中之物”，表达出他从富贵中脱离出来的心境。因而，“池上”风景的立体空间所显现的，正是白居易隐退之后寻求闲适独善的士人精神，这未尝不是对“内圣”的无上追求。

五、结论

本节通过对乾隆时期清漪园石舫的研究，可知，乾隆帝作为杰出的封建帝王，援名用典，“以志今游”，并斟酌具体情境，从自身修养与生命体验出发，刻意观照并着力表现儒学“内圣外王”的至高理想，从而创造了一个实现政治抱负与人生追求的舫式建筑。在这里，《石舫记》“若夫凛载舟之戒，奠磐石之安虚明洞达，职思其居，意在斯乎！”孟子“穷则独善其身，达则兼善天下”，荀子“水则载舟，水则覆舟”的士人行为准则与政治谋略，正是“外王”的最好诠释；而石舫内部，如欧阳修“穷也乐，通达也乐”，白居易《池上篇》“有叟在中，白须飘然”的寻求闲适独善的士人精神，则是对心性修养即“内圣”的强调。因此，从营造舫式建筑，引申到精神内涵，正是建筑的物质文化与精神文化，以及介乎二者之间的行为文化紧密结合的最好体现。

① 《乾隆御制诗》三集，卷九十，《石舫》。

② 《乾隆御制诗》二集，卷六十，《石舫》。

③ 《乾隆御制诗》四集，卷十八，《石舫二首》。

④ 《乾隆御制诗》五集，卷三十六，《石舫二首》。

第二节 乾隆朝石舫的营建

一、图像与文字记忆中的石舫

与清漪园时期石舫营建有关的图像有一张清人绘的《崇庆太后万寿庆典图》（图13），这幅图是乾隆帝为母亲崇庆太后庆祝寿辰而下旨绘制的庆典场景画。不过此画主要渲染庆典氛围，画中的多处建筑与实物皆有出入。参照乾隆时期奏销档中对石舫的记载，石舫包括“楼五间、舱一间、亭一座”，而图中描绘的石舫为二层五间楼阁，还包括一圈环绕式的外廊，推测为如意馆画工的工作方式和图本身的庆典目的所导致。现石舫遗存的船舱宽度仅为五米，有外廊的可能性并不大。此图所记录的石舫仅是一种意向，与当时的石舫实物有出入，不过仍表达了石舫船体石构、船楼木构的意向。

有关石舫的营建，文字档案留有乾隆朝时期的《清漪园等处工程奏销档》（图14）和嘉庆十二年分《石舫等处陈设清册》（图15）。《清漪园等处工程奏销档》中有一份清漪园修缮的记录，其中提到石舫，“石舫楼房五间、舱房一间、方亭一座……拆卸后大木糟朽挑换木植”，这些记载明确指出了石舫上建筑的规模与组织形式，同时提示石舫作为乾隆帝频繁到访的重要建筑，必经历了多次整修，不过整修应是以维护结构正常使用为目的，外部形象并无改动。

《石舫等处陈设清册》记载了嘉庆十二年时石舫的室内陈设布置，由于与乾隆朝相去不远，可认为保持了乾隆时期至少是后期的面貌。陈设册不仅事无巨细地列举了室内的家具器物，其描述方式还为室内空间提供了线索。

陈设册的描述中包括了空间、方位和器物三个层次，可以从中得到舱室的排布、舱室内墙和窗的分布以及大型家具的位置和尺寸，由此推断出各个舱室的空间、功能和相互关系，进而得到整个石舫的各层空间及其关系（图16）。

石舫的图像和文字记忆，成为历史留给后人想象和复原石舫建筑和室内形象的凭据。

图13 《崇庆太后万寿庆典图》中的石舫（来源：北京故宫博物院）

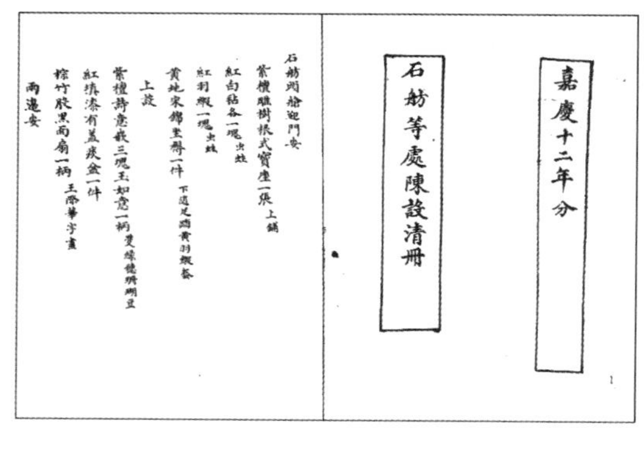

嘉慶十二年分

石舫等處陳設清冊

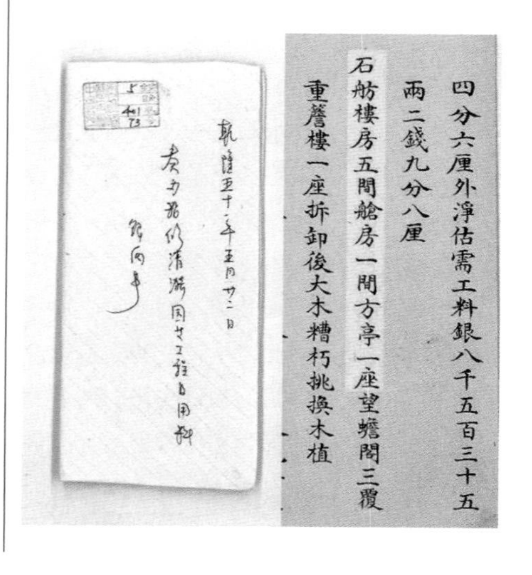

四分六厘外淨估需工料銀八千五百三十五

两二錢九分八厘

石舫樓房五間艙房一間方亭一座望蟾閣三覆

重簷樓一座拆卸後大木糟朽挑換木植

图14 《清漪园等处工程奏销档》（拼合）（来源：中国第一历史档案馆）

图15 嘉庆十二年《石舫等处陈设清册》（来源：中国第一历史档案馆）

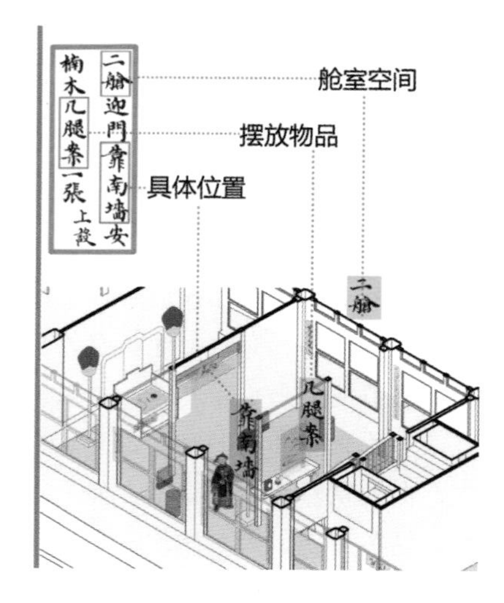

图16 《石舫等处陈设清册》文本与建筑对应关系（来源：自绘）

二、石舫建筑的想象

1.空间布局

《石舫等处陈设清册》中描述的石舫一层（图17、图18）舱室空间包括“头舱、二舱、三舱、中舱、东夹舱、西夹舱、后舱和夹舱”八个不同的舱室，根据文本的陈述顺序，可以得知东、西夹舱从属于中舱，而夹舱则主要与后舱相连，因此完整的舱室空间有五个。头舱依照舫式建筑的规律是船头第一个舱室，接下来的舱室则是依次往南排列，后舱位于船尾。具体到室内空间围合的层面，则可以获知墙和门窗的位置以及各个舱室是如何相连接的，其中中舱包含东西墙、东西方窗和东西门，在石舫上狭小的开间里，门和窗是很难在同一开间里出现的，所以推测中舱包括两个开间，较大的空间与其中心的地位也相符合。而夹舱依照字面理解位于两个舱室之间，且不是一个完整的大空间，所以推测东西夹舱位于中舱的两侧，但向中舱开门，而夹舱是中舱向后舱过渡的空间。由此一层空间共有七个开间、五个主舱室，现存清晏舫的后抱厦是原后舱的位置，也符合了《奏销档》“舱房一间”的描述。上下层连通的楼梯则与清晏舫一致，设置在并无多少陈设的三舱内，借用三舱与中舱之间的半间，完成了上下层空间的联系。

石舫二层（图19、图20）的空间包括“北一间、北二间、中一间、南二间和南一间”，可知各舱室各占一间，因此二层包括五间，即由一层的七间前后各推进一间，形成前后两个平台，与舱楼两侧的出挑阳台连接，环绕整个二层。而其中比较特殊的是对于南二间和南一间的描述，南二间陈设不多，南一间却包含了一张楠柏木包镶床，之后又描述了一个“下层”空间，放有一座地平和一张宝椅。再结合“南一间东西门”以及“下层外檐门”等描述，从字面上推断其应该是局部的跃层，即南二间是两层通高的空间，放置一架楼梯通向南一间的上层。《奏销档》记录“石舫楼房五间、舱房一间、方亭一座”，楼房五间与舱房一间都能与《陈设清册》的记录呼应，而“方亭一座”，在空间布局上仅有船头剩余空间可用，按照舱室建筑的习惯，也应是位于清晏舫船头前抱厦的位置。

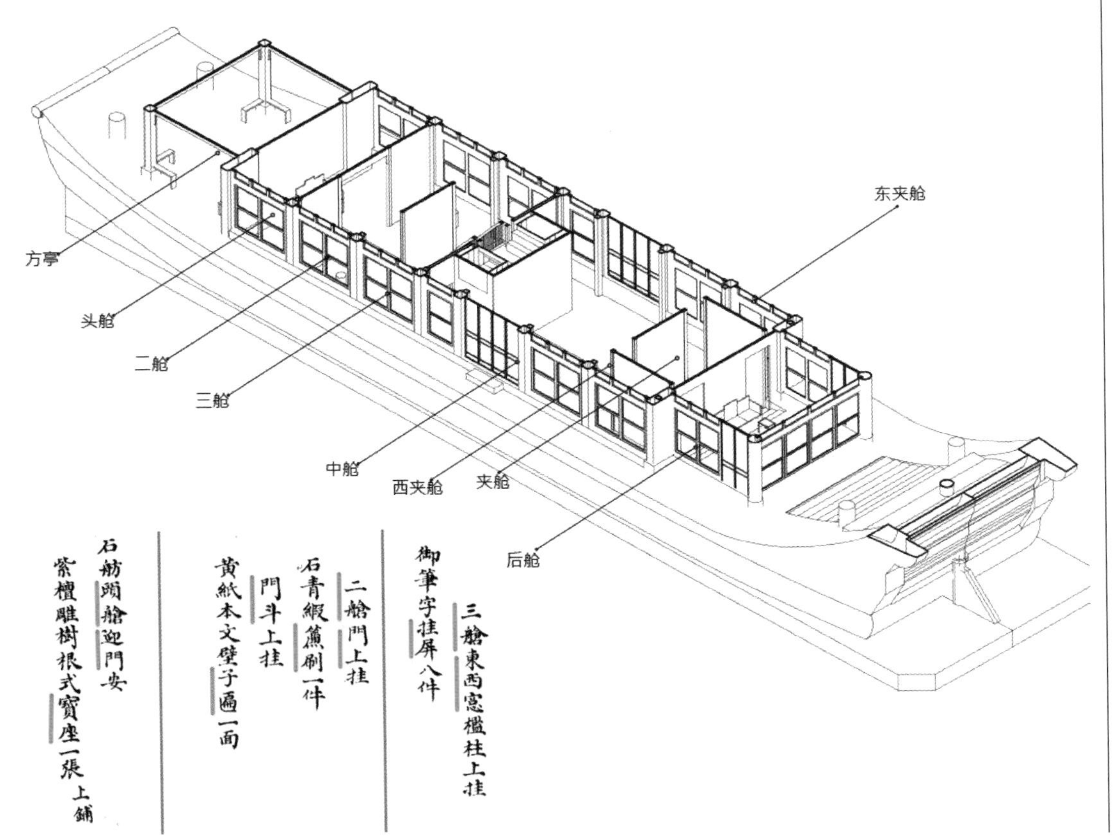

三艙東西窗檻柱上掛
御筆字掛屏八件

二艙門上掛
石青緞簾刷一件
門斗上掛
黄紙本文璧子匾一面

石舫頭艙迎門安
紫檀雕樹根式寶座一張上鋪

图17　石舫一层空间布局复原（来源：自绘）

图18　《石舫等处陈设清册》节选（来源：中国第一历史档案馆）

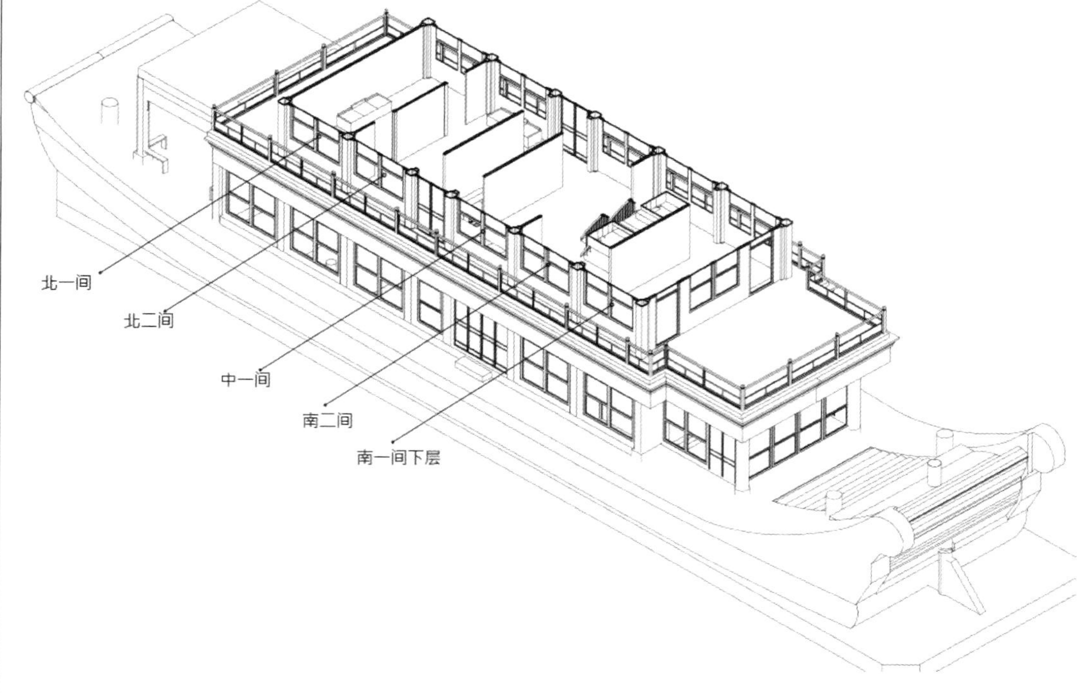

图19　石舫二层空间布局复原（来源：自绘）

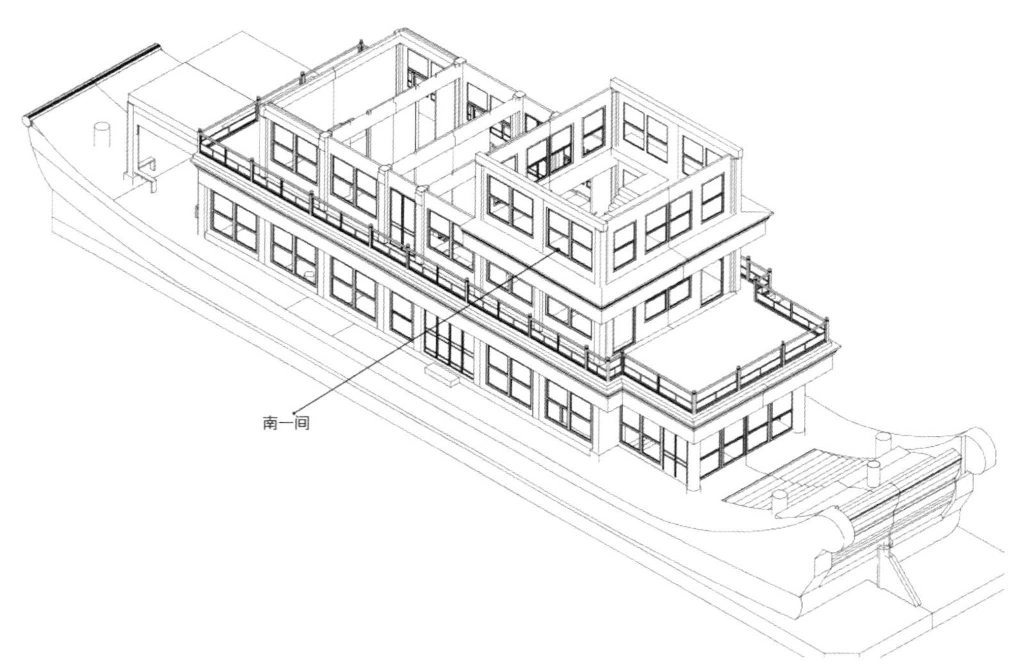

图20　石舫三层空间布局复原（来源：自绘）

2. 平面布置

现清晏舫遗存船身基本保留了旧有面貌，新建的西洋楼式建筑的柱网与船基契合协调，而船基其实大部分是旧物，所以推测重修时柱顶石是依照原来的柱顶石痕迹安放的，这样也有利于整体结构的稳定和减少工程量。现有柱网形成的开间数与《石舫等处陈设清册》记载的空间布局也吻合（图21）。

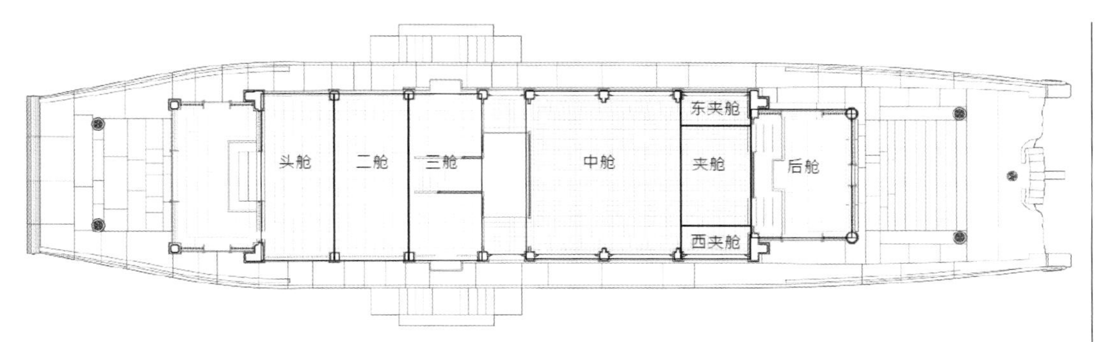

图21 依照《清漪园等处工程奏销档》《石舫等处陈设清册》和石舫现状遗存，石舫基本空间位置的复原图（来源：自绘）

3. 建筑形象的想象

上文通过对《清漪园等处工程奏销档》和《石舫等处陈设清册》的整理，已可初步想象石舫建筑的规模及空间，结合《颐和园活动中的画舫》一节提到的现留存的众多画舫实物及样式雷图、烫样等信息，可略微想象乾隆时期石舫的整体形象。

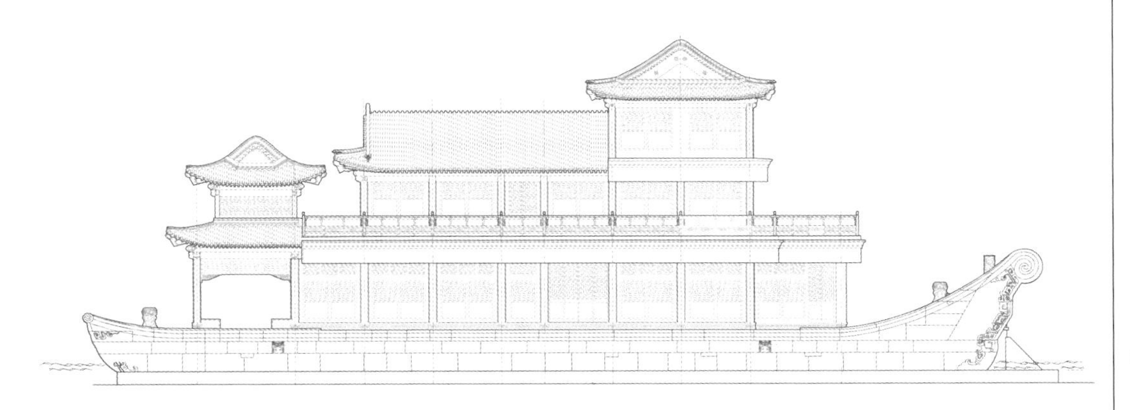

图22 石舫立面形象复原（来源：自绘）

图23 石舫形象复原（来源：自绘）

三、石舫建筑的室内空间复原

石舫建筑建立在狭长的船基之上，开间和进深都很小，室内的空间进深只有五米，结构上只需靠两排外柱支撑，初步推测室内是加较小的隔断柱，将一间的空间分为三进，以容纳《石舫等处陈设清册》中记载的多样及不同功用的家具和陈设。东西两侧和中间分别设置门和墙，共同限定舱室空间，进而划分了通道和功能区域，例如包镶床和宝座放置在中一进，而挂屏和插屏等布陈在两侧进，不妨碍通行。一层与室外的联系主要通过中舱和后舱两侧的踏垛进行，室内主舱室的空间下沉，在夹舱的南侧由两边的踏垛上到后舱，再与室外水平相接。

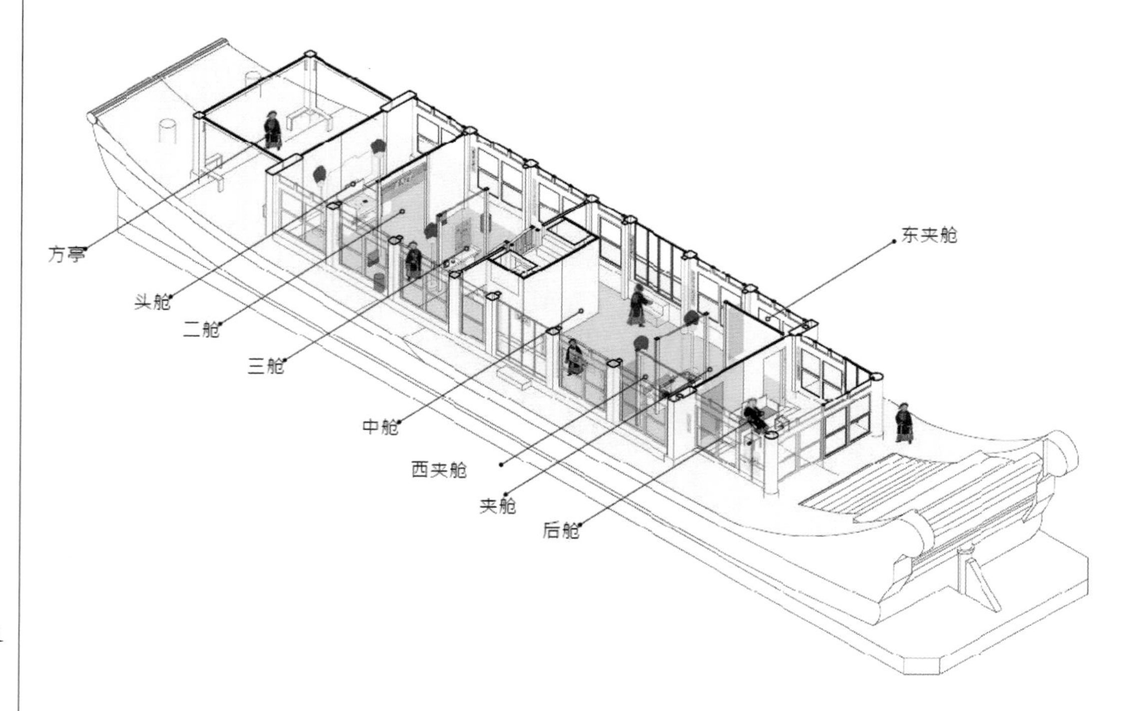

图24　石舫一层室内空间复原（来源：自绘）

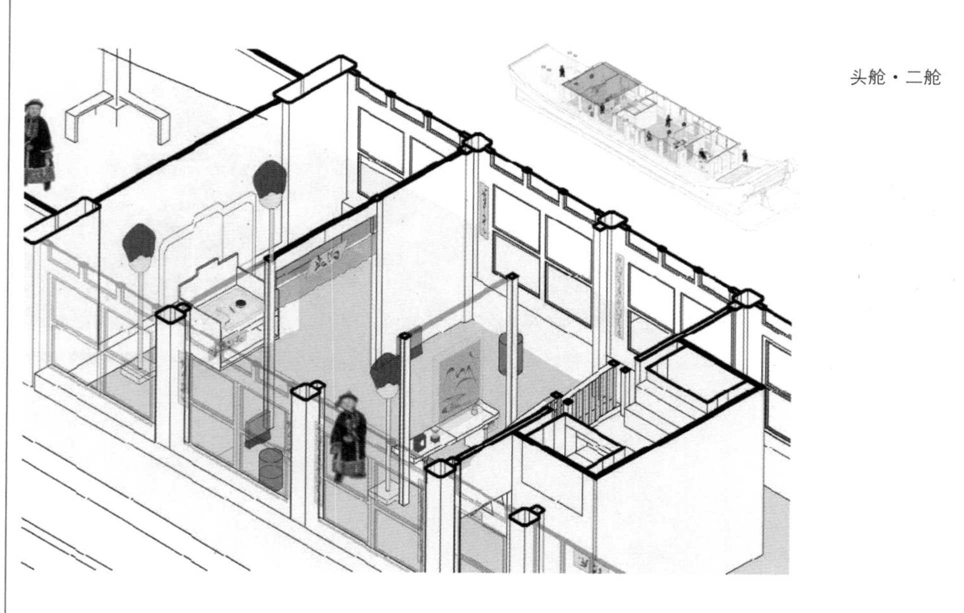

图25　石舫一层头舱及二舱室内空间细化（来源：自绘）

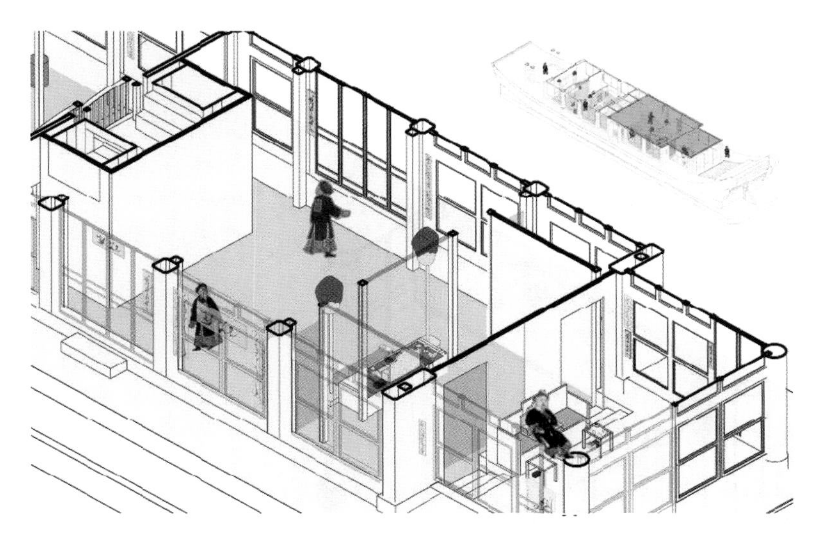

图26 石舫一层中舱和后舱室内空间细化（来源：自绘）

石舫的二层则由于一层檐口的出挑、前后两个平台而形成环廊，在二层营造了室内外过渡的空间。二层空间相比一层，显得更加私密，门和窗的尺寸缩小，布陈的器物也更加精致，显然是为了适应帝王独自使用的需要。南二间还有一个楼梯通向上层，将南一间下层的空间与北三间隔开，在布陈上则以宝椅和床做出区分。

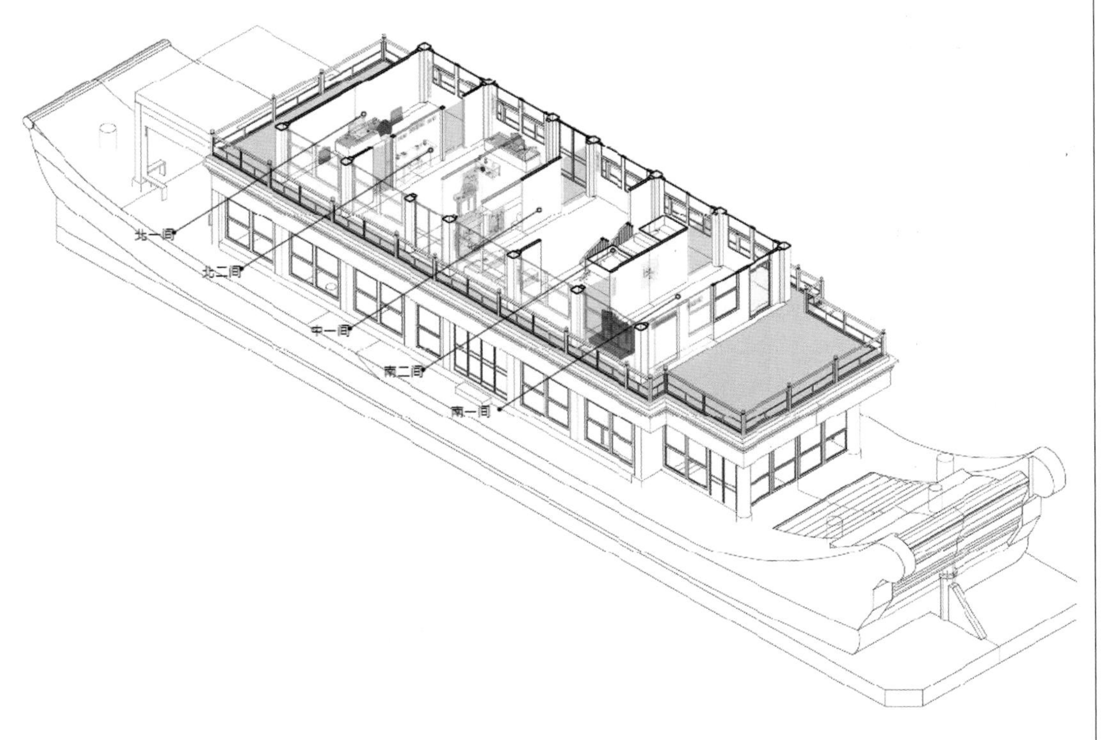

图27 石舫二层室内空间复原（来源：自绘）

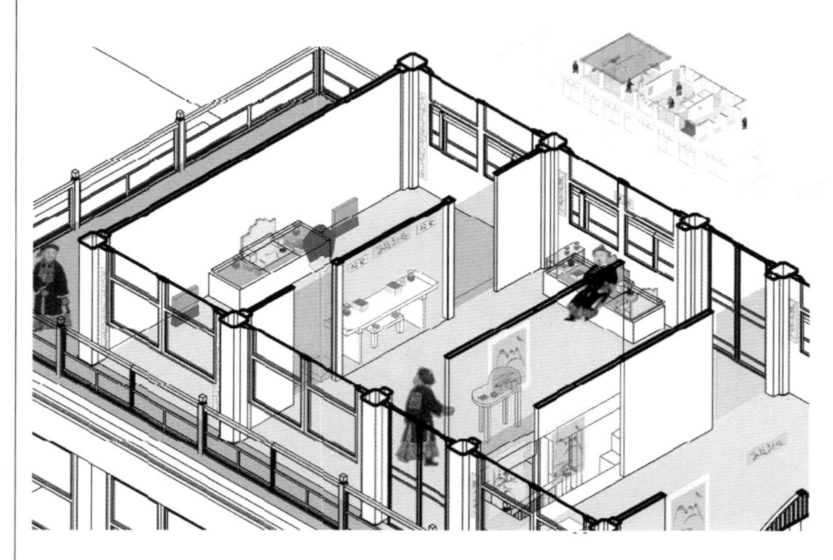

图28　石舫二层北一间和北二间室内空间细化（来源：自绘）

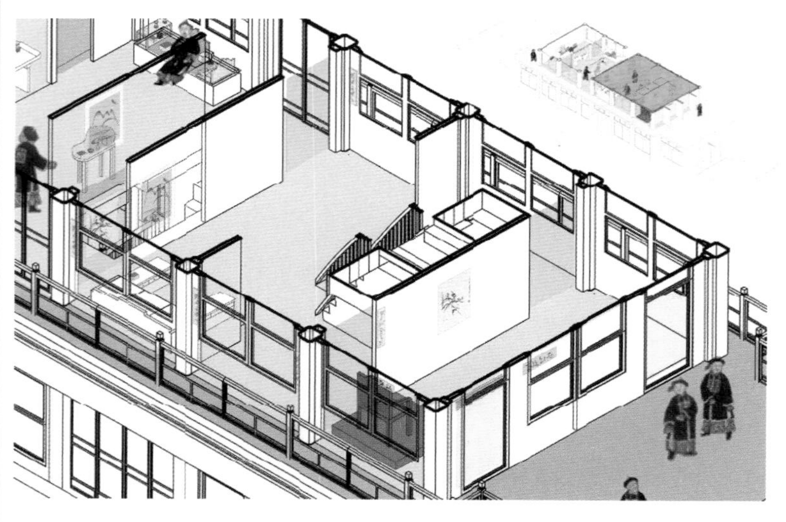

图29　石舫二层中一间、南二间、南一间下层室内空间细化（来源：自绘）

石舫的三层空间相对简单，仅有南一间上层放置一张包镶床及其陈设和若干张字画，供帝王登高远眺昆明湖、万寿山之用。

四、石舫舟身

现存的石舫船身，除去仿西洋式火轮和船尾的舵杆，基本上都保留着乾隆朝石舫船身的原物。石舫的石质船身大部分都是清漪园时期的遗物，船身整体用汉白玉和青白石垒砌。从石质材料的新旧程度可大略推测光绪朝添加的细节部分。船基中间的石块多是汉白玉，且旧石块较多，间杂着新的青白石，推测汉白玉是清漪园时期的遗物，而新的青白石则是重修时添加的。通过使用材料的差异来推测，前抱厦下前舱的踏垛是后加的，原来可能是整块的平台而非踏垛，但后抱厦下舱室的汉白玉踏垛则为旧有。现有的柱顶石雕刻精细，纹样十分统一，且与下部的大石块连为一体，这两者应为同一时期，考虑到它们与现有的结构系统相协调，应为光绪朝统一添配的。

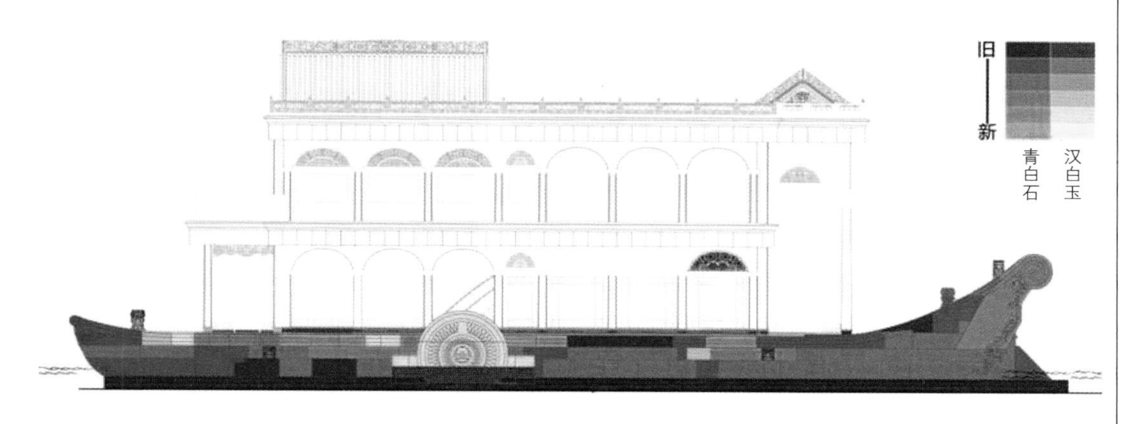

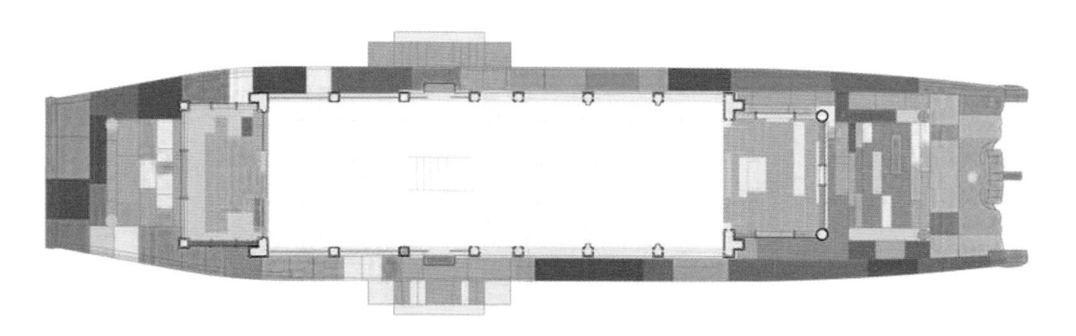

图30　石舫现状石材新旧分布图（来源：自绘）

光绪朝添改的部分，并不影响石舫船身的整体造型。船身平底方形，整体保持着很好的一体性。船头处似是由一枚莲花钉固定的卷帘起势，卷帘纹沿船侧身曲线由船身的平直至船头的起翘，最后以涡卷云纹在尽头处收势。这种船身曲线的意向并不鲜见，第三章提到的颐和园木兰艭烫样也是在船身饰以这种纹样，只不过木兰艭船尾用的是方形卷纹，这应该与木兰艭船身侧面是弧形有关。石舫涡卷纹下部的船侧身线条是平直刚硬的线条，这两种处理方法都强调上部卷纹与下部船身轮廓线的对比，在对比中将曲线的柔美与线条的刚强表达得淋漓尽致。

船尾正面以莲花纹壶门形边界做出轮廓线，轮廓线中间又凸起如意头，如意内雕蝙蝠和“寿”字合体的纹饰，蝙蝠纹和寿字纹是清代建筑装修装饰中常见的纹样，象征着福和寿，这种吉祥如意、福寿双全的寓意也与乾隆帝当年以为母祝寿作为由头之一兴建清漪园的意趣相合。除如意头外，上边界内雕出具象浪花，下边界重复三层，似是象征波浪，以喻石舫乘风破浪。

此外还有一点值得特别指出的是船侧面在船头和船尾边界处都有的纹样。第三章提到的样式雷图中的“翔凤艇”（图48）和“茶膳船”（图46），“木兰艭”的烫样上（图31）也有这样的装饰纹样，从“木兰艭”的烫样上还可以看出，这个位置还做出连接两转折面的铆钉的象征，或许本是船身转折处做的“护缝”（图32），功用可能是防止漏水。这种装饰手法不仅见于清代船舶，明代专著《武备志》里也收录了许多有这种装饰的船图。《武备志》是曾任职兵部、熟悉海防的茅元仪所作的阐述古代水陆军事装备的专著，插图中的船即使与真实的船舶比例有所出入，形象却应来自实物。书中的《广东船图》《新会县尖尾船图》《东莞县大头船图》《大福船图》《苍山船图》《沙船图》《鸟嘴船图》等（图33），都有这种装饰做法。石舫石质基座写仿船身，同样在此位置作装饰纹样，同时起到收边的效果。

图31 木兰艭烫样（来源：田家青先生）

图32 木兰艭“护缝”（来源：田家青先生）

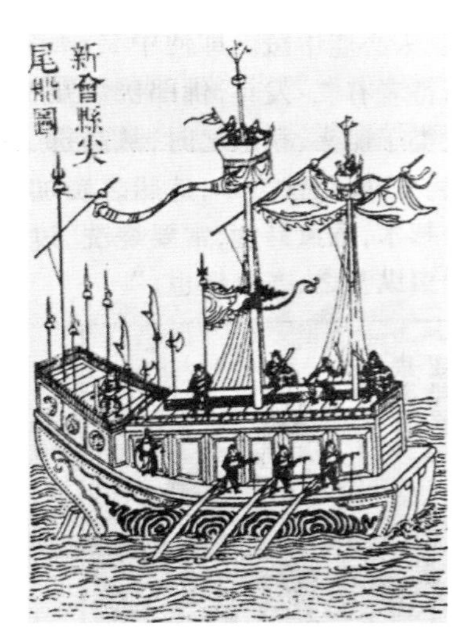

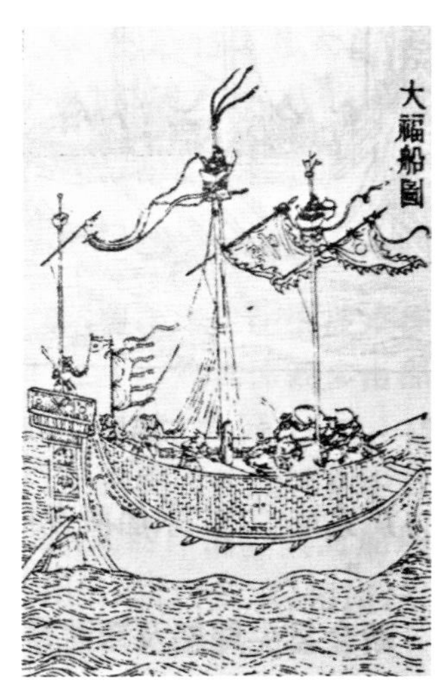

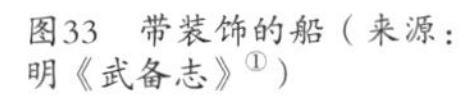

图33 带装饰的船（来源：明《武备志》[①]）

而石舫用的这种几何纹样，却不是清代建筑与艺术品中常用的简单的回字纹，而是另一种更为复古的复杂纹样，这种纹样很像商周时代青铜器上流行的窃曲纹（图34）。窃曲纹一般由两端回钩的或“S”形的线条构成扁长形图案，中间常填以目形纹，但又未完全摆脱直线的雏形，因而形成直中有圆、圆中有方的特点。据研究，窃曲纹由鸟纹、龙纹衍化而来的痕迹是很明显的，将鸟纹排比，可以推测出它向窃曲纹衍化的具体过程，较早的鸟纹在翅膀后边接连着一条长长的尾巴，接着，尾巴与躯体分离开来，成为弯卷的抽象纹饰，后来，鸟身部分也抽象化仅保留一根长长的羽毛，最后，这根羽毛也消失了，形成典型的窃曲纹。观察石舫的这种纹饰，曲折的线条或弯或直（图35），“S”形两相对应的构图方式也很接近青铜纹饰中的窃曲纹（图36），纹饰上部和底部（虽近水处有些漫漶不清）仍可见鸟羽毛纹饰的特征（图37）。

这种古老纹饰的运用很可能与乾隆时期的复古思潮有很大关系。宋代开始，文人士大夫的复古思潮鼎盛，收集青铜器并编制目录，还由此催发出金石学学科。但宋代之后由于朝代更替、少数民族掌权等原因，金石学没落。直到乾隆年间，由于乾隆帝对金石学的高涨热情和鼎力赞助，金石学得以重获新生（这与宋代由学者自发催生出金石学的情况大相径庭），民间藏品集录的编纂刊行也随之再次出现高潮。这个时期的标志便是乾隆年间编撰的宫廷青铜藏品著录《西清古鉴》（1751年）[②]。清漪园的创建（1750年）、石舫的修建（1754年之前）正是在乾隆帝编撰《西清古鉴》、身怀高涨复古热情的时候。那么，在易于雕刻纹样的石材上，实际践行他的复古情怀，是非常有可能的，这种复古情怀与他孺慕古圣人“内圣外王”的思想情怀也是一致的。

① 插图转引自席龙飞：《中国造船史》，武汉，湖北教育出版社，2000年，第237-243页。

② 讨论《西清古鉴》以及乾隆时期其他皇家著录的著作可参阅刘雨：《乾隆四鉴的作者、版本及其学术价值》，见《中国考古学研究》编委会：《中国考古学研究——夏鼐先生考古五十年纪念论文集》，北京，1986年，卷1，第200-209页；刘雨：《乾隆四鉴综理表》，北京，中华书局，1989年。有关乾隆皇帝和他的收藏，参阅*Thomas Lawton. An Imperial Legacy Revisited: Bronze Vessels from the Qing Palace Collection, Asian Art*, vol. 1, no. 1 (1987-1988), pp. 51-79.

图34　青铜器中的窃曲纹（来源：刘雨：《乾隆四鉴综理表》，北京，中华书局，1989年。）

图35　石舫船尾窃曲纹
图36　石舫船尾窃曲纹上部
图37　石舫船尾窃曲纹下部
来源：百度图片

第三节　清晏舫的重建

一、清晏舫重建——颐和园颐养工程

咸丰十年（1860年），英法联军扫荡北京后，北京城内皇家园林几乎毁损殆尽，石舫的木结构也被烧毁仅留石质船身，后石舫在颐和园重建中作为“颐养工程”的一部分，以清晏舫的新身份得以重生（图38，39），《光绪二十年三月十七日至二十五日传修建颐和园内各工程谕旨》中写道：“南花园匾名悦春园，养花园匾名毓春园，石舫匾名清晏舫，升平署匾名升平署，钦此。”

清漪园得以重建为颐和园，有几个重要的原因。首先，是圆明园重修工程的失败。同治十二年（1873年）春，同治帝亲政、大婚典礼相继告成，又适逢翌岁慈禧太后四十万寿，同时清人入主中原后，经康、雍、乾三朝，以避暑、追求礼乐复合的生活模式、孝养祖辈为追求的园居生活已成为清代帝王的主要生活方式。同治适逢多重契机，遂于八月以奉养两宫太后为辞命内务府重修圆明园，可最后却因经费不足、君臣离心等历史原因停工，但这一经历仍为后来再兴园工铺平了道路。

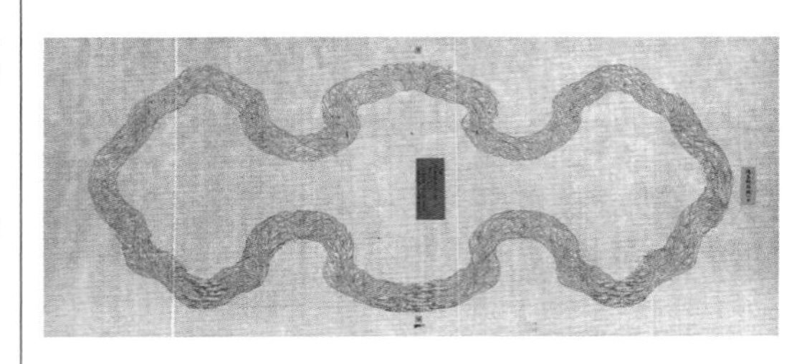

图38　346-0952颐和园清晏舫匾额立样（来源：中国国家图书馆）

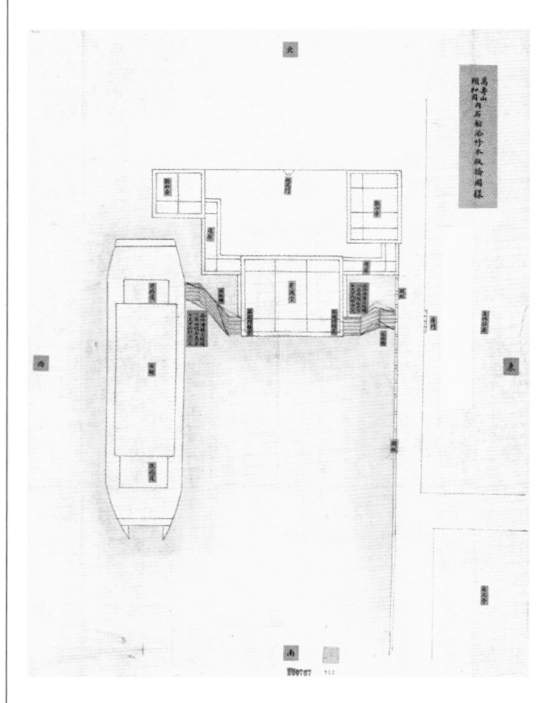

图39　344-0767颐和园石舫添修木板桥地盘样（来源：中国国家图书馆）

其次，清王朝在多年动荡之后迎来了“同治中兴”的相对稳定的政治局面，这个时代的精英骄子们办洋务、开矿山、建工厂，为后来的经济复苏奠定了基础，构建了晚清政府财政盈余的小高峰，颐和园的重建工程正是诞生在这种积累下。

再者，相比起其他皇家园林，清漪园有更多的优势。一是昆明湖与京畿水利漕运的重要关系。乾隆帝兴建清漪园时，便以整治京畿水利为由，清中后期由于黄河河床增高，沟通南北的运河日益梗阻，清廷先改漕粮海运，后停江南诸省征漕[①]。昆明湖济运的功能逐渐丧失，但作为内廷供水的中转水库，相关疏浚工程仍照常进行。另外，清漪园大宫门外有相对宽敞的空地，可以建造服务帝后园居的勤杂用房，这也是静明园和静宜园所不具备的。于是，清漪园自身优异的景观格局，和昆明湖作为城市水利枢纽的地位，使清廷再兴园工的天平倾向了清漪园。

清漪园重建最直接、最重要的动因，是海军衙门的成立和光绪皇帝的生父醇亲王奕譞的推动。据姜鸣研究[②]，光绪十一年（1885年）成立总理海军衙门是一个反复酝酿的过程。最初，海军衙门并不是为慈禧太后修建三海与颐和园而成立的，总理海军衙门成立前，皇帝有意让李鸿章出任海防大臣，而李鸿章不想做有职无权且远离京津的海防大臣，而担此要职会成为众矢之的，且不能取全国之力来开展海军，尤其是北洋海军的建设[③]。因此，他极力促成醇亲王成为总理海军大臣。光绪十二年（1886年）五月，醇亲王巡阅北洋海军，现代海军的威力给他留下深刻印象，并认识到培养军事人才的重要性，决意建设一所水师学堂，这成为选址在昆明湖畔，促成清漪园（后改名颐和园）重修的重要契机。

最后，光绪帝于光绪十二年“亲政”，以醇亲王为首的反对太后垂帘的大臣，都深知慈禧太后是光绪帝独立执政的羁绊，也想为慈禧太后营造一个满意的园居场所，使其息心政治。这是颐和园重修的又一契机，也是重修工程反对声音较少的原因之一。

开始筹备重建颐和园后，重建工程经历了几个阶段，在清漪园昆明湖西岸附近《耕织图》旧址处成立水操学堂，又进行河道清淤、开挖船道、填修拆修码头、修建船坞等昆明水操相关工程。在恢复昆明水操的同时，以“沿湖一带殿宇亭台半就颓圮，若不稍加修葺，诚恐恭备阅操时难昭敬谨”[④]为由，开展环湖一带殿宇亭台的修葺。与此同时，后山佛殿与排云殿组群，也因慈禧太后有意日后在清漪园庆寿而大规模整修起来。

随着上述“阅操工程”的相继落成，环湖景

① 李文治，江太新：《清代漕运（修订版）》，北京，社会科学文献出版社，2008年，第337、367页。
② 姜鸣：《龙旗飘飘的舰队——中国近代海军兴衰史》，北京，生活·读书·新知三联书店，2003年，第214页。
③ 李鸿章：《复曾沅甫宫保》（光绪十一年十月初五日），《李集·朋稿》，卷二十，第60页，转引自《姜鸣.龙旗飘飘的舰队——中国近代海军兴衰史》，北京，生活·读书·新知三联书店，2003年，第217页。
④ 中国第一历史档案馆：《内务府档案奉宸院4602号》。转引自：叶志如，唐益年：《光绪朝三海工程与北洋海军·历史档案》，1986年第1期，第111页。

观初具规模，为巩固已有建设成果，光绪十四年（1888年）二月初一，在慈禧太后的关注下，光绪帝精心拟订了重修颐和园上谕：

“溯自同治以来，前后二十余年，我圣母为天下忧劳，无微不至，而万几余暇，不克稍资颐养，抚衷循省，实觉寝馈难安……万寿山大报恩延寿寺，为高宗纯皇帝（乾隆帝）侍奉孝圣宪皇后三次祝嘏之所，敬踵前规，尤征详恰。其清漪园旧名，谨拟改为颐和园。殿宇一切，亦量加葺治，以备慈舆临幸。恭逢大庆之年，朕躬率群臣，同申祝悃，稍尽区区尊养微忱。”[①]

以孝养太后为由，效仿乾隆帝，可谓名正；同时强调“量加修葺”，以示节俭，进一步取得臣民的认可。与同治十二年（1873年）重修圆明园上谕相比，最明显的不同是回避了皇帝个人对园林建设的需要。

此谕颁布后，颐和园的建设目的就由“恭备阅操”过渡到“颐养太后”，此后至光绪二十一年（1895年）之间，颐和园的建设工程主要包括如东宫门外大他坦、寿膳房、御膳房、德和园等服务帝后生活起居的附属及园林建筑，统称为“颐养工程”，其中的前山工程就包括了清晏舫的重建。

二、清晏舫西洋风格的历史背景

石舫在英法联军焚毁后，仅残余石质船身，上面的木结构建筑全数损毁（图40）。颐和园重修时，清晏舫保留了石舫船身的大部分，补加了已毁船头的将军柱和船尾的舵杆，并按慈禧太后喜好，在船体两侧添加了一对青白石质船轮，以模仿新式的西洋火轮船；同时在船体上新建西洋式舱楼（图41）。

图40　英法联军火毁后的石舫船基（来源：19世纪60年代 约翰·德贞 转引自《名园旧影》）

图41　颐和园清晏舫的现状

西洋式建筑分两层，屋顶主要部分是平的，局部又凸出两段坡顶，造型稍微有些变化。建筑的柱子、栏杆都雕刻得很华丽，船身刷饰大理石花纹的油漆，使建筑看上去像是石做的。船室内还装饰着玻璃镜子，洋味十足。清晏舫是光绪朝重修颐和园后唯一一座具有西洋风格的建筑，但是这种西式建筑和西式建筑语汇，在清朝皇家苑囿中并不陌生。

清乾隆时期中西文化交流已极为鼎盛，圆明园、长春园中已出现了西式建筑和西式建筑语汇。长春园内兴建的“西洋楼”建筑群，是中国成片仿建西式园林建筑的一次成功尝试，使西式建筑与造园艺术首次引入中国皇家领域，也标志着中国对西方建筑文化的接纳程度极高。“西洋楼”组群中主体建筑名为“海晏堂”，“海晏”二字取意“河清海晏，国泰明安”。而慈禧太后和光绪帝重修乾隆帝留下的清漪园石舫时，或有心效仿祖宗或无心插柳，将此舫建筑修复为仿西洋风格，亦取“河清海晏”之意，将舫重命名为“清晏舫”。

而在这之前，慈禧太后还于光绪二十七年（1901年）在中海原仪銮殿旧址建造完全西式的海晏堂，专作接见、宴请外国女宾之所。中海海晏堂的建造由“样式雷”家族第六代传人雷廷昌主持，不仅和圆明园海晏堂名字相同，而且其建造过程、建筑式样、内部陈设也和西洋楼颇为相似。工部根据旨意制作模型，几经修改，最后由慈禧太后敲定。海晏堂所有建筑均为西洋式建筑，采用西式玻璃门窗，饰以西式花卉，海晏堂内的装饰、家具、陈设也完全采用西式。从现有的样式雷图档可知，海晏堂的门窗、隔断、楼梯栏杆、围屏宝座均为“西式”或“全雕刻西式花”。

① 《清实录·德宗实录（影印本）》，北京，中华书局，1987年。第55册，第252卷，第393、394页。

可见慈禧太后对海晏堂的西洋式建筑风格颇有些执着，在她自己苦心促成重建的颐和园中，在她最喜欢的昆明湖上，恰有残留的石质船基，而当时的清廷正打着“富国强兵”的旗号大力建设海军，李鸿章又送来两艘真正的德国轮船在昆明湖上行驶[①]，在此石质船基上添加两个西式火轮、仿建一座西洋式建筑，并为之取名“清晏舫”也是顺其自然之事，一方面满足了慈禧太后的爱好，另一方面也符合颐和园重建工程是海军衙门重要任务的借口。

在这种背景下重建起来的清晏舫，已没有了乾隆时期石舫的精神内涵，更像是一个追求新意的不动的画舫。慈禧太后在其中的活动，可以通过第三章来感受和理解。

三、清晏舫建筑的营建过程

解读《清漪园等处工程奏销档》和《石舫等处陈设清册》，结合对西洋楼平面现状的勘察，可以看出，西洋楼是在乾隆朝遗留的柱网基础上营建的。石舫原船头方亭的位置，现是一单层平顶上有围栏的透空小亭；原船尾后舱单层舱房，现是一二层通高的有坡屋顶的小亭；中间七间舱房位置，现上下交替各有一半用作室外观览空间，中间最窄的开间用作楼梯间连通上下两层，屋顶也是一半坡屋顶一半平屋顶；所有二层的楼房，包括中间七间舱房和船尾二层亭子的屋面被一圈栏杆花板联系围合。建筑空间虚实相间、高低错落，非常有韵味。

清晏舫重建时，首先在原柱顶石的位置上安放新的柱顶石。柱顶石是须弥座形式，中束腰，束腰上下各有仰覆莲一层，仰覆莲层上下又各有上枋、下枋一层。中间七间舱房的柱顶石之间还有石头雕出等高同风格的石围栏，将这些柱顶石联系在一起，从外观上看，更有须弥座台基之感。七间舱房的最两端的柱顶石轮廓随柱子的构造不同而呈现不同形状，船头是“L”形，船尾是“T”形，船尾柱顶石随透空二层亭子外侧柱子形状为圆形。

柱顶石安置完成后，安放一层柱子。船尾方亭处直接安放了二层通高的柱子；中间七间舱房柱子上安置拱券，柱子本身高度比船头方亭一层柱子矮；舱房两尽端柱子异形，也更为粗壮，靠近船尾二层通高的柱子由两根柱子拼为“L”形。

柱子安好后，七间舱房位置沿柱子纵轴安装拱券板。这种拱券板在外观上模仿的是西洋建筑的拱券式结构，虽并没有真正用这种结构承载建筑荷载，却在赋予建筑西洋式风格上起到了最重要的作用。清晏舫的结构横梁搁置在拱券板上，连系横梁的还有三根纵向枋木，中间一间留出，不安枋木，以通楼梯。横向梁粗大，相比起来，纵向枋木则十分弱小。船头方亭的梁架则正好与舱房相反，粗梁用于纵向位置，横向的梁则相对弱小。

梁架安好后安置一层楼板。二层柱子对位搁放在一层楼板上，同层同样，柱子上安拱券板之后安梁枋，梁枋上承载平屋板。舱房靠近船头的三间和船尾二层通高的亭子的屋顶上又安置坡屋顶，船头三间屋顶沿纵向放置，而船尾屋顶坡顶东西向、山面朝向南北，前后屋顶的呼应再次凸显了石舫建筑的韵律互动。屋顶建好之后，外围设置一圈砖雕栏杆。

建筑的主体搭建好后，安装玻璃窗和一些坐凳、栏杆等围护构件。石舫的玻璃窗包括两类：柱间方形窗户上的透明玻璃和拱券间的玻璃花窗。

玻璃在中国出现得很早，琉璃瓦和琉璃砖也一直作为建筑构件长期沿用，早期偶有窗户用琉璃的记载，如唐代王棨《琉璃窗赋》：“窗户之丽者，有琉璃之制焉，洞澈而光凝秋水，虚明而色混晴烟。”从描述中推测此处记载的琉璃指有一定透明度的带色玻璃。《马可波罗游记》和明代《元故宫遗录》都有元代建筑用玻璃的记载，不过窗户大规模使用玻璃始于清乾隆朝，此时中西文化交流日益频繁，玻璃制造业达到顶峰。清代宫廷建筑中的玻璃窗，大致有三种做法。第一种称为“安玻璃窗户眼”，是在整扇窗户中心位置的一两个窗格上安装玻璃，其余的窗格仍旧糊纸。随着进口平板玻璃的逐渐增多，出现了第二种“满安玻璃，碎邠成做”的做法，就是把许多小块玻璃分装在全部窗格，取代原来的窗户纸。后来又出现了去掉窗棂的整扇窗“满用玻璃”的第三种做法[②]。石舫的方形窗用的正是“满用玻璃”的做法，拱券窗上的玻璃花窗用第二种做法。正是玻璃这种材料的大面积使用，使石舫建筑更具有西洋风格。

建筑的最后一个流程是在木柱上涂刷仿大理

① 贾珺：《颐和园》，北京，清华大学出版社，2009年，第264-267页。

② 李晓丹：《17—18世纪中西建筑文化交流》，天津，天津大学建筑学院，2004年。

石油漆，在拱券板之间画卷枝莲花纹的彩绘。仿大理石油漆的应用是建筑具有西洋式风格的点睛之笔，远处观看时以假乱真，会让人当真以为这是一座石作建筑（图42）。

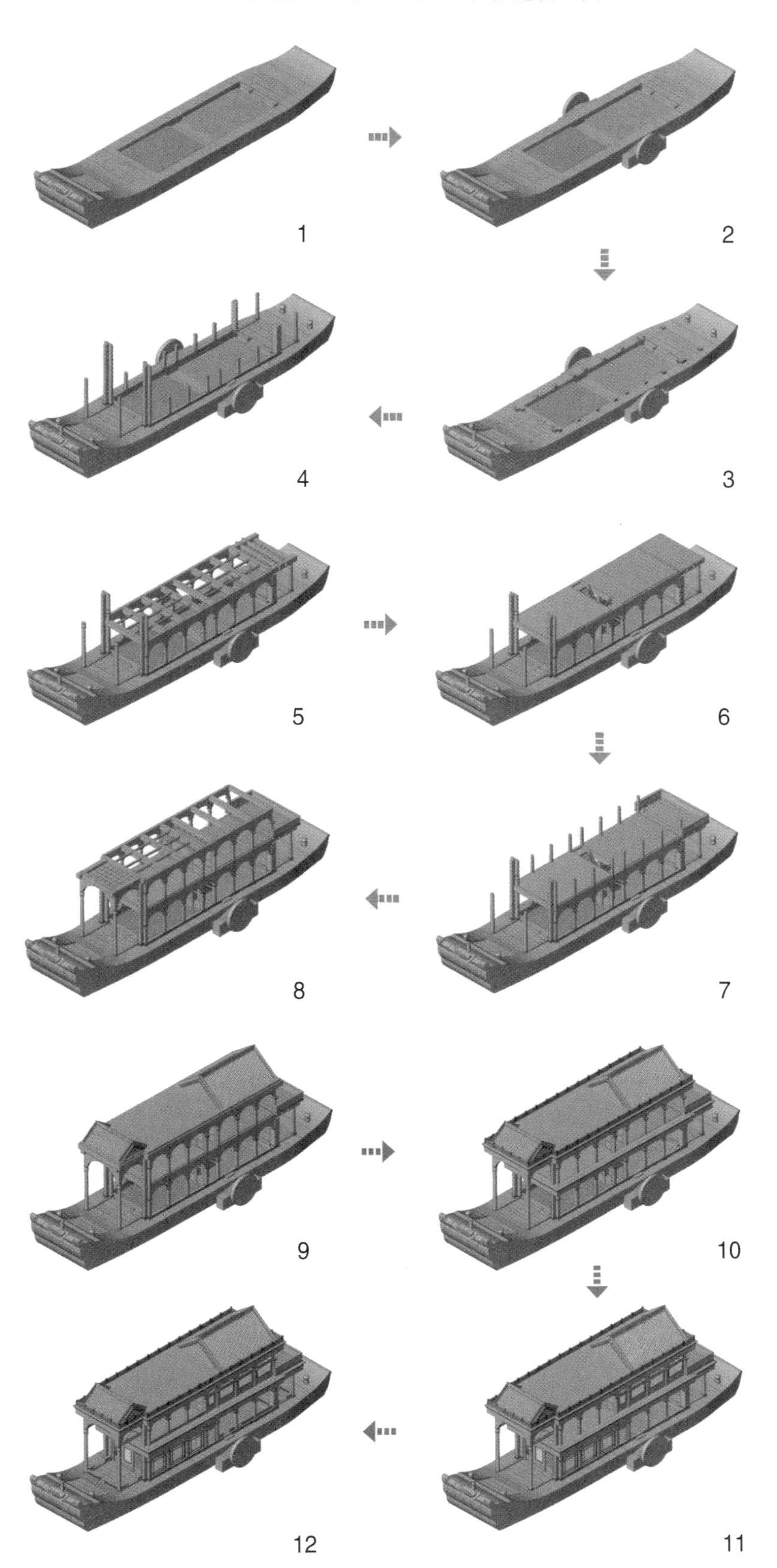

图42 清晏舫营建过程（来源：自绘）

第三章　颐和园中活动的画舫

Chapter 3 The Moving Painted Boat in the Summer Palace

颐和园是“样式雷”建筑设计并完整存世的清代皇家园林珍贵实例。在“样式雷”对颐和园的设计中，不仅有大量的建筑及装修，还有一些对皇家“御船”的设计，这些设计包括黑白草图、彩色准图及制作极为精细的御船烫样，它们传承完整，序列清晰，在“样式雷”建筑设计的门类中具有特殊性和代表性。本章通过对其中有关颐和园中慈禧与光绪的御船画、烫样的整理和研究，揭示“样式雷”在清代御船中的设计理念与方法，探讨清代颐和园中慈禧、光绪使用的御船创作及实施的历史过程。为当代园林文化研究、游船设计奠定了基础。

The Summer Palace is a precious example of a Qing Dynasty royal garden designed by “Yangshi Lei” and surviving in its entirety. In the design of the Summer Palace, there are not only a large number of buildings and decoration, but also some designs of the royal “imperial boats”, which include sketches, color quasi-drawings and extremely detailed Tangyang (literally ironed model), which have a complete heritage and a clear sequence, and are special and representative in the category of "Yangshi Lei" architectural design. This chapter, by compiling and studying the paintings and Tangyang of the imperial boats of Cixi and Guangxu in the Summer Palace, reveals the design concepts and methods of “Yangshi Lei” in the imperial boats of the Qing Dynasty, and explores the historical process of the creation and implementation of these imperial boats during the same time. It has laid the foundation for contemporary research on garden culture and cruise ship design.

第三章　颐和园中活动的画舫

执笔人：翟小菊

中国清代皇家园林建筑设计多出自样式房雷姓世家，被誉称为“样式雷”设计。“样式雷”的设计除了皇家园林外还涵盖了都城、宫殿、坛庙、陵寝、府邸等皇家建筑，其所绘制的建筑画样（设计图纸）、烫样（建筑模型）、工程做法（设计说明）以及相关文献，被称为“样式雷图档”列入“世界记忆遗产”。这些珍贵的文化财富是“样式雷”建筑创作实践活动的真实记录，不仅展现了清朝在科学技术、艺术等领域极其优秀的传统文化，也是中国古代建筑修缮及复原的重要依据。

颐和园是清代著名的皇家园林，也是“样式雷”建筑设计遗存的珍贵实例之一。颐和园中的御船，即皇家专属的舟船，是“样式雷”建筑设计中一个较为稀少的门类，至今因为成不了体系而未得到重视。近几年，随着历史档案和历史影像图片的大量涌现，颐和园御船的设计过程及历史沿革渐渐明朗起来。在以万寿山昆明湖为主体结构的大型山水园林中，在占据着园林四分之三面积的浩渺昆明湖中，承载着厚重历史的皇家游船，不仅是帝后进行水上交通、运输和游湖等娱乐活动的工具，还是颐和园青山绿水间一道独特的风景。与皇家苑囿中金碧辉煌的亭台楼阁一样，颐和园御船是昆明湖水上流动的建筑，是这座园林重要的组成部分。

昆明湖一带走御船，自古有之。颐和园修建之前，昆明湖的前身西湖是北京西北郊著名的风景游览区。1995年，由地矿部组织的包括颐和园等八家单位参加的对昆明湖地质的研究证明昆明湖的形成经过了3500年的历史，至辽金时期湖泊稳定，逐步形成风景名胜。元代开始，统治者就经常前来游湖，各式各样的御船游弋湖中，成为靓丽的风景。元代学者宋褧著《燕石集》[①]记载元朝皇帝都有专门游西湖的“御舟”。游西湖时，从大都水路沿通惠河（长河）溯流而上。元至顺三年（1332年），文宗来游西湖，“调卫士三百挽舟”，也就是调来300人在两岸为御船拉纤，可见御船的规模。万历十六年（1588年）明神宗游西湖，阵容庞大，“经西湖，登龙舟，后妃嫔御皆从……是时舱艘青雀，首尾相衔，即汉之昆明，殆不过是。”[②]到了清代，昆明湖成为皇家园林的专属水面，湖面上通行的御用船只种类有游船、茶膳船（帝后游湖时的服务用船）、水操战船（乾隆皇帝仿照汉武帝在昆明湖中操演水军的船只）。乾隆时期御船的特点，第一是大，最大的御船长四十余米；第二是用材讲究，有楠木装修、紫檀装修等；第三是陈设华贵，所有的御船上都有华贵的陈设，有的船上多达数百件；第四是配套，船上的宝座、御案、屏风等陈设一般都与御船的名称、材质、形式相对应，显示了乾隆一朝经济的富足和艺术文化的品位。光绪时期的御船大多是为慈禧太后和光绪皇帝专门设计的，装饰华丽，颐养与长寿的元素较多，处处显示慈禧太后的权威。这些御船与颐和园园林古建一样经过了精心的设计和建造，不仅传承着皇家的建筑文化，也传承着皇家的御舟文化，对研究中国古代建筑和中国古代船舶都有着重要的借鉴作用。

一、颐和园御船的历史沿革

颐和园在清代经过三建二毁的历史过程，御船与园林建筑同期出现，并与园林的兴衰相始终。颐和园的前身清漪园，始建于清乾隆十五年（1750年），是清代在京西北郊建造的“三山五园”中的最后一座。清漪园命名于乾隆十六年（1751年），而清漪园的御船也出现于乾隆十六年。中国第一历史档案馆藏《清漪园陈设清册》中，记录了清漪园时期的十艘御船，名称有：镜中游、锦浪飞凫、芙蓉舰、澄虚、景龙舟、祥莲艇、万荷舟、九如意、镜水、昆明喜龙舟等[③]。其中，镜中游是一艘楠木黑彩漆装修船，船身长五丈九尺六寸，乾隆十六年六月初四日由浙江巡抚永贵恭进；锦浪飞凫是一艘彩漆湘妃竹装修船，船身

① （元）宋褧《燕石集》，台北，台湾商务印书馆，1986景印文渊阁《四库全书》。

② （明）蒋一葵：《长安客话》，上海，上海书店出版社，1994影印本。

③ 中国第一历史档案馆，档案编号陈5338昆明喜龙五彩楼船等陈设。

长四丈四尺，乾隆十六年八月由圆明园交进；芙蓉舰是一艘楠柏木油画装修船，船身长五丈四尺四寸，乾隆十六年由圆明园交进；澄虚是一艘楠木装修船，船身长四丈五尺五寸，乾隆十六年八月由奉宸苑交进；景龙舟是一艘彩漆装修船，船身长五丈九尺九寸，乾隆二十二年七月十五日由浙江巡抚杨廷璋恭进；祥莲艇是一艘紫檀楠木装修船，船身长四丈三尺，乾隆二十二年七月十五日由普福恭进；万荷舟是一艘亭式船，身长四丈四尺二寸，乾隆三十年杭州府同知张铎恭进，此船舱内安楠木荷花式宝座和香几，与御船的名称相衬；还有九如意、镜水和昆明喜龙船，此三艘船没有标注进献的时间和人名，应为清漪园自行打造的御船。九如意，船身长三丈三尺，上安花梨椅式宝座，黑漆五彩小照背；镜水是一艘楠木装修船；昆明喜龙船（五彩楼）船长十三丈五尺，宽三丈七尺，稍宽二丈八尺，舱深七尺，船上楼房一座，下檐面阔显三间，进深显七间，上檐后庑殿五间，面阔显三间，进深显五间，前重檐方亭一座，后稍八方舵亭一座（来源：《昆明喜龙船粘修销算银两总册》）。昆明喜龙船是乾隆时期清漪园中最大的一艘游船，这艘御船是专为乾隆皇帝七十大寿赶制的。船高二层，上设有楼亭，船上陈设着各种古玩珍宝及佛像460余件，像一座豪华的水上宫殿。

清漪园时期还有两类舟船，一是水操战船，二是茶膳船。水操战船不仅在档案中有大量造船及修船的记录，还有绘制精细的水操图式，从中可以看出乾隆时期对昆明湖水操的重视。茶膳船是帝后游湖时的服务用船。

光绪时期的颐和园，被慈禧修造成一座兼具政治、生活与娱乐功能的行宫，御船是其出行、游玩必不可少的工具，因此御船是专门为慈禧量身定制的，根据主人的身份打造装饰，宫廷生活气息浓重。光绪时期可见诸记载的颐和园御船有两类，一是帝后的游船，有名称的有镜春舻、木兰艭、水云乡、鸥波舫、平台船、位分船等；二是火轮船，有名称的有永和（图43）、翔云和捧日，其是御船的拖带船。还有一艘安澜艋（图44），船的外观是汽艇的形式，但是没有机械的动力。

图43 永和轮船老照片（来源：20世纪20年代，佚名，转引自《名园旧影》）

图44 安澜艋老照片（来源：民国时期，普意雅，转引自《名园旧影》）

从上述记载分析，乾隆时期清漪园中的御舟样式比较新颖，打造精细，装修典雅，陈设精美。船的来源在园林修建前期多为其他园林调拨和大臣进献，后期有专项设计，御舟的文字记载较为翔实，但遗存至今能够见到的船样仅有《水操图》中的战船。此图全称《威远健字枪炮队健锐营马队威远利字枪炮队外火器营马队水军炮船合操阵图》[①]，图中绘制了乾隆时期清漪园昆明湖南湖岛至玉带桥之间水军操演的12个阵势，从中不仅可以看到炮船（水操战船）的样式，也印证了乾隆皇帝在清漪园昆明湖中操演水军的历史。

颐和园时期的御船为慈禧专属设计，注重身份装饰，开始使用火轮船作为拖带船。此时期关于御船的文字记载较少，“样式雷”设计的图纸较全，珍贵的还有一件御船的烫样和许多历史的影像，为我们认识与了解颐和园及颐和园御船的历史发展提供了真实的证物。

二、“样式雷”设计的颐和园御船图（烫）样

至今发现的“样式雷”家族设计中以皇家建筑居多，御船设计存世较少，尤其是御船烫样至今可见的仅有一件，属于烫样中的罕见品种，极具史料与艺术价值。难能可贵的是，这些御船的设计、图纸、烫样、照片经过梳理，形成了一个

① 中国第一历史档案馆藏内务府舆图军务战争类1262号。

完整的历史发展序列，对了解颐和园御船的建造及传承极具价值。

1.御船图样

“样式雷”设计并存世的建筑图档超过两万件，其中对颐和园的建筑设计约有700件，而目前对皇家船舶的设计仅见到30多件，可以确定为颐和园御船的设计约有20件。

颐和园御船是帝后出行和游湖的御用船，不仅是水上的船只，还是御苑中游动的宫殿。御船与古建一样同为大木结构，设计程序是相同的。从存世的样式雷图档分析：“样式雷”设计图样的完整过程应有粗图（或草图）、精图（或详图）。精图又可分为总平面图、透视图、平面与透视结合图、局部放大图、装修花纹大样图等；在用途上还可分为进呈图、留底图、改样图等。每份图样有相应的工程做法（做法册）和工程预算（算房高家档案）相配套。经过了历史战乱和百年流传，今日我们能看到的“样式雷”船样设计已经不完整，但经过梳理仍然可以形成从设计粗样到呈览细样的系列，能够反映出“样式雷”的设计思想和设计过程，为我们解析颐和园“御船”的设计、建造及历史流传提供了重要依据。

现在存世的“样式雷”设计御船图样主要收藏在中国国家图书馆、中国科学院图书馆和中国第一历史档案馆中。中国国家图书馆善本部舆图组收藏的船样均为黑白墨绘图，反映了清代御船从设计初始，到逐步细化图纸的过程。笔者所能见到的20张船样设计图，共涉及现办、现修、新拟等十艘（类）船，从图上草书或正书说帖上可以看到：图样中的现办船有平台式活轴八杆桅船、主位船、快船、茶膳船；现修的有军机船、纤船；新拟的有扑拉船，还有一些精细图绘制的没有标注说明的平台船、棚船和船的分体局部透视图等，大部分的图样都标有设计尺寸，如：“现办平台式活轴八杆桅船，通长三丈三尺”；“现办主位船，通长三丈”；“现办茶膳船，通长一丈八尺”；“新拟扑拉船，通长二丈九尺九寸”[①]；等等。图样上标示的现办是正在进行的设计，新拟是准备进行的设计。从图样的设计形式、尺寸、说帖等可以看出平台船（图45）和主位船是帝后的御坐船，茶膳船（图46）和扑拉船则是御船的服务用船及跟随船。在中国国家图书馆收藏的船样中，有一张小御船（图47）的设计，船舱中设有宝座，上支搭船篷，黑白带透视及细部结构的设计图样上面没有任何说明，但绘制得非常精致。笔者曾在中国第一历史档案馆见到过一张彩图与此船相似，彩图年代为乾隆朝，船中宝座镶嵌着景泰蓝的座心，图案与颐和园藏乾隆时期的景泰蓝镶嵌宝座的图案近似，可惜当时因不知是何处的游船未能留下影像和记录。在国图收藏的船样中还有四张图上标注着“红船”“翔凤”的船名（图48），这两艘船的设计每种有两幅，先粗图后细图，其中标示着“翔凤”艇细图的文字是由粗图中“香凤”艇圈改而成。翔凤艇船名在《扬州画舫录》上有记载，是乾隆皇帝南巡时的一艘御用船（扬州画舫录卷一载：乾隆南巡舟名安福舻、翔凤艇、湖船、扑拉船，皆所谓大船也）。光绪时期，慈禧的一艘火轮船也曾沿用此名称“翔凤”。由此可见，中国国家图书馆收藏的御船图样，是清样式雷对皇家御船雏形设计的一部分，设计的年代为清代乾隆朝到光绪朝，虽然遗存的图样不完整，但在设计思路上可以看出光绪时期的御船在一定程度上沿用了乾隆时期的御船形式和船名。但这20张船样，不能确定是颐和园的御船设计。

中国科学院图书馆收藏的样式雷御船设计为一彩绘图册，全名《御座镜春舻水云乡平台船木兰艭鸥波舫位分船轮船炮船并车棚楼扑拉纤船册页》[②]，该册页半页长约37厘米，宽约25厘米，封面和封底为厚约0.7厘米的檀木板。题名刻于封面正中，“御”字为红色，其余填石绿，题名右侧刻有“光绪年月日”字样。内共有16幅绘制工整的彩色立面透视全图，涉及14艘有名称的御船：镜春舻、水云乡、平台船、鸥波舫、木兰艭、位分船、车棚楼船、安澜艑洋船、翔云轮船、捧日轮船、扑拉船、炮船、纤船、洋划子。图纸用黄绫包边。每图右上角都贴有黄纸说签，标明所绘船名及尺寸。彩图绘画精致准确，册页装潢庄重华丽，是进呈皇帝御览的准样设计。该图册封面刊刻注明为光绪时期的御坐船，也就是当朝慈禧太后、光绪皇帝及后妃的御用船只，但没有注明具体年份。从御船设计的形式、种类、

① 国家图书馆舆图051-003-2、051-007、051-011、051-009-3。

② 中国科学院图书馆《御座镜春舻水云乡平台船木兰艭鸥波舫位分船轮船炮船并车棚楼扑拉纤船册页》。

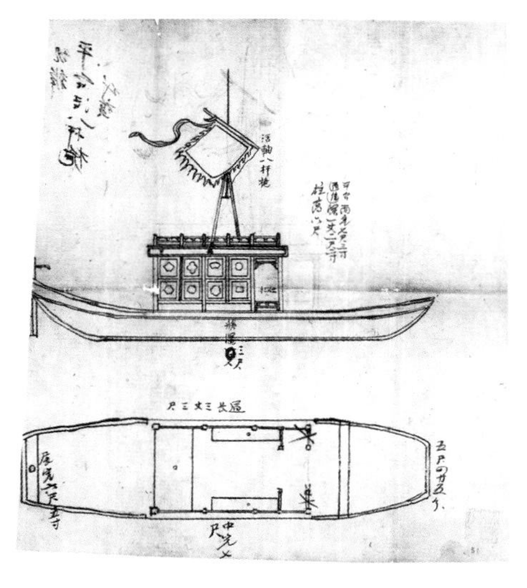

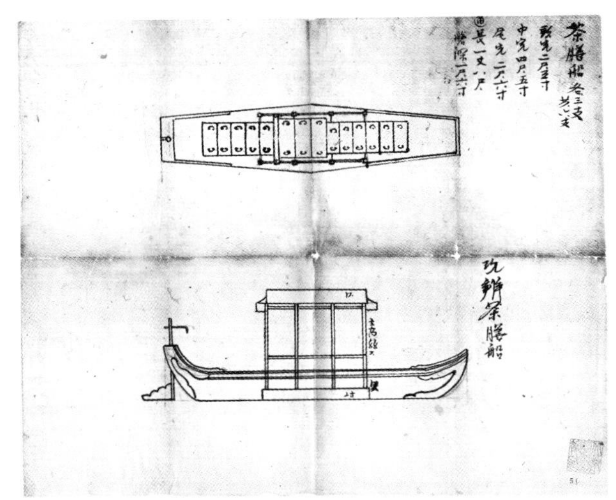

图45 国图051-003平台式活轴八杆桅船（现藏于中国国家图书馆）

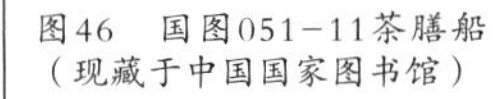

图46 国图051-11茶膳船（现藏于中国国家图书馆）

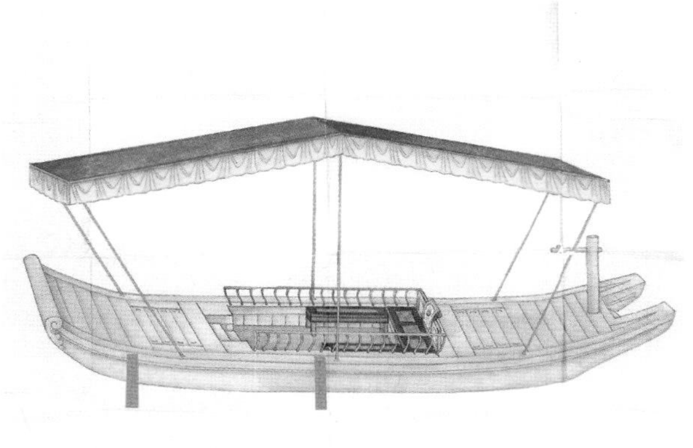

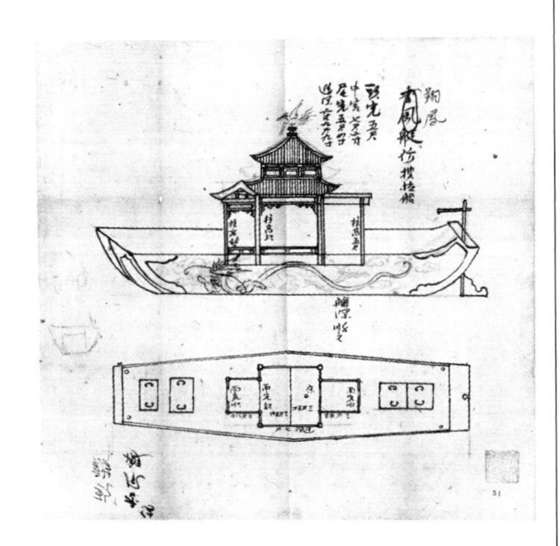

图47 国图337-0131小御船（现藏于中国国家图书馆）

图48 国图051-006翔凤艇（现藏于中国国家图书馆）

数量（炮船、纤船、洋划子、扑拉船的彩图上写明照此样做四只、做八只等）等分析，这些御船是为光绪十四年（1888年）出现的皇家园林颐和园设计的，不仅仿照了乾隆皇帝清漪园时的御船规模，还专为慈禧、光绪量身定制。时年，只有颐和园的湖光山色才能够容纳如此高规格、大数量、多种类的豪华画船；而丰富的御船，又增加了昆明湖历史的厚重感和独有的魅力。

中国第一历史档案馆藏慈禧的万寿专档，对上述御船有很真实的记载：“皇太后御用镜春舻船一只，停在颐和园内船坞；御用木兰艭船一只，停在西直门船坞；皇上御用水云乡一只，停在颐和园内船坞；御用鸥波舫船一只，停在西直门船坞；位分船二只，颐和园、西直门船坞各一只，均著安挂彩绸……”[①]此为光绪二十三年（1897年）慈禧63岁庆辰档案，证实了中国科学院图书馆收藏的“样式雷”御船画样是为慈禧、光绪及后妃专门设计的，而且按照设计完成了建造，成为颐和园中的专属御船。

近几年，由于国家的开放和文化的交流，一些承载着御船影像的历史照片陆续浮现，使我们对颐和园御船的设计、制作及流传过程有了进一步的了解。笔者以样式雷设计的御船彩图为基点，对颐和园御船的设计、制造及流传做一简要叙述。

慈禧的御坐船“镜春舻”（图49、图50），船身通长六丈五尺，舱楼为带抱厦成两卷式的屋顶，上插一根旗杆，旗杆上攀附着一只硕大的彩凤，凤凰的羽毛五彩斑斓，一双利爪紧握旗杆，身子竖立，头朝左，尾朝右，翅膀伸展作欲飞状。船尾飘扬着四面满覆流苏璎珞，绣着精致凤凰的旗帜。这艘船在图册中的设计尺寸最大，彩绘及装饰华丽，规格等级高，船主人的身份特点明确。“镜春舻”平日就停放在颐和园的船坞中，慈禧乘用此船游湖或从水路回紫禁城时，需要用火轮船从前面进行拖带。1930年，这艘船被

① 中国第一历史档案馆藏《皇太后庆辰档案》寿字23卷16。

国民政府修理后待客营业，因此直到民国年间，还能在昆明湖上见到它的船影，只是船顶上的彩凤已经没有了踪迹。1938年，“镜春舻”沉入西堤附近湖底。

“木兰艭”（图51）是慈禧在颐和园中的另一艘御座船，船长五丈七尺，船舱舱楼为一平顶、一歇山顶，装饰比较华丽，但没有旗帜标志。这艘船平日停放在西直门倚虹堂船坞，供慈禧从水路往来颐和园时乘用。民国时期也被用来在长河上拉客运输。

光绪皇帝的御坐船“水云乡”（图52~图54），船身通长六丈四尺，比“镜春舻”仅仅短了一尺。船楼为带抱厦三卷式建筑屋顶，船舱木构架安装着大玻璃，下部绘制淡淡的花纹，船体装饰高贵典雅，船尾立着四面龙旗，表示着皇帝的身份。“水云乡”平日停泊在颐和园内的船坞里，皇上乘坐时，前面也要有火轮船进行拖带。清末民初，“水云乡”经常出没在昆明湖上，留下了许多影像。

光绪皇帝乘用的另一艘御船名“鸥波舫”（图55），船身通长五丈六尺，虽然没有“水云乡”大，却非常有特色。这艘船的船楼建造得极为丰富，有歇山顶、方亭顶、卷棚、抱厦、平台等，船舱为木构架大玻璃，四边有冰裂纹，装饰着蝙蝠、如意、福寿等，舱门有瓶式门和圆光门，建筑很华美。船上虽然未插龙旗，但依然可以看出主人的高贵。鸥波舫一般停放在西直门倚虹堂船坞内，供光绪皇帝从紫禁城往来颐和园时

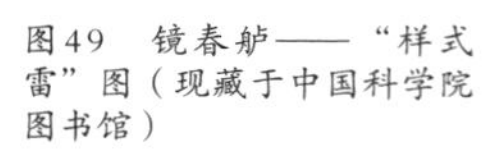

图49　镜春舻——“样式雷”图（现藏于中国科学院图书馆）

图50　镜春舻——老照片（来源：民国时期，佚名，转引自《名园旧影》）

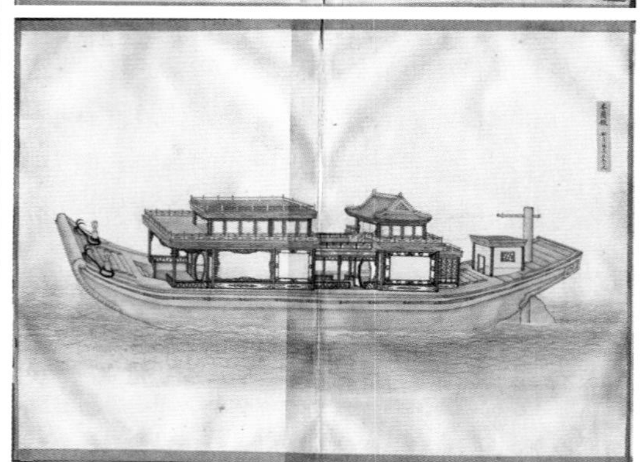

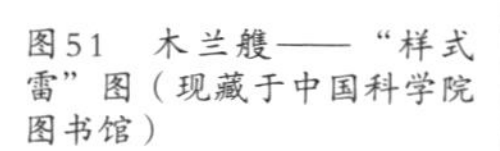

图51　木兰艭——“样式雷”图（现藏于中国科学院图书馆）

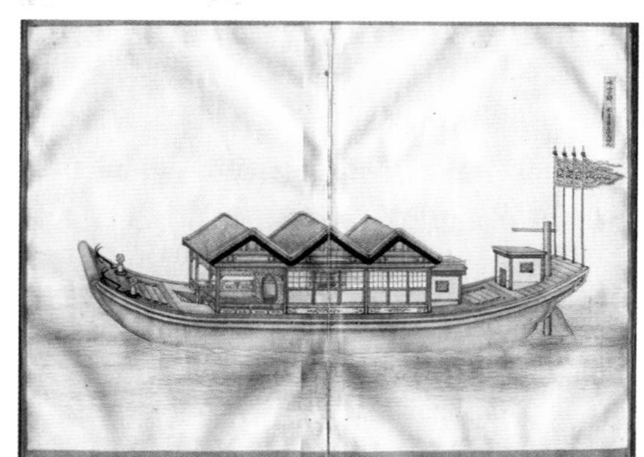

图52　水云乡——“样式雷”图（现藏于中国科学院图书馆）

图53　水云乡——老照片（来源：民国时期，佚名，转引自《名园旧影》）

图54　水云乡——老照片（来源：颐和园研究室）

乘用。

在中国科学院图书馆珍藏的御船图册上还有几艘光绪后妃的座船，它们没有名字，其中一艘按照船舱楼的样式命名为“平台船”，这艘船长五丈八尺，比光绪皇帝的御船整整短了六尺，船的样式很普通，船舱为中国典型的平台式古典建筑，但船尾处飘扬的四面凤旗昭示着船主人的身份。《颐和园游船场所存船只清册》记载：1928年这艘“平台船”在昆明湖沉漏。还有一艘“位分船”，也是平台样式，但体量仅有四丈五尺，比“平台船”小很多。“位分船”装饰比较素雅，蝙蝠式冰裂纹的窗子，船舱上部装饰卷草花纹，下部绘有蝙蝠和寿字。船身小巧精致，又不失皇家的大气。

彩色图册中还有三艘御船不是大木结构的设计，其中“安澜艋”（图56、图57）被称为洋船，外观为铁壳木顶的汽艇形式，但是没有机械的动力。其船头和船尾各安插一面龙旗，表示其皇家的身份，船上木制匾额雕刻精细，为慈禧太后御书。这艘御船在1949年后还停放在颐和园的船坞内，“文革”中被锯碎卖了废铁，但“安澜艋”匾额一直保存至今。还有两艘样式大致相同的轮船名“翔云”和“捧日”（图58），它们的区别在于“翔云”中部无轮，“捧日”中部有轮，是慈禧、光绪座船的拖带船。除此之外，图册中还有车棚楼船及扑拉船、纤船、洋划子等设计，是帝后游湖不可缺少的服务用船。

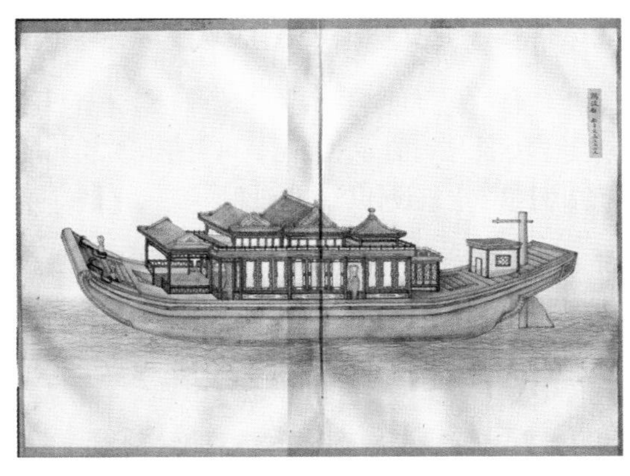

图55　鸥波舫——“样式雷”图（现藏于中国科学院图书馆）

图56　安澜艋——“样式雷”图（现藏于中国科学院图书馆）

图57　安澜艋匾额

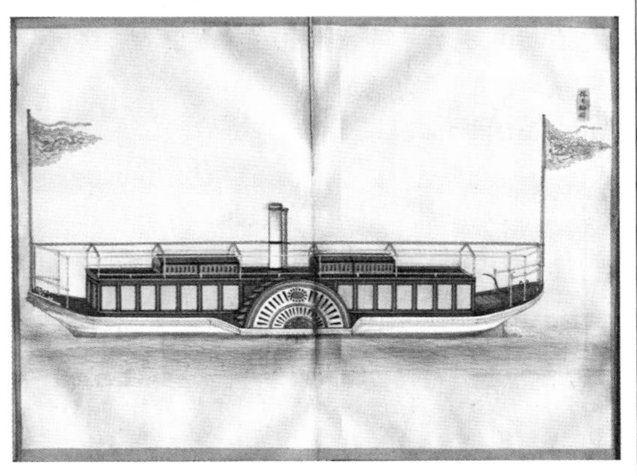

图58　捧日——“样式雷”图（现藏于中国科学院图书馆）

2.御船烫样

烫样是设计图样在建造前依实物按比例制作的模型小样，专供皇帝审定。模型小样以纸板、秫秸和木头为原材料，用剪子、毛笔、蜡版、小烙铁等制样熨烫成型而得名，是当时营造情况最可靠的记录。因其形象逼真，数据准确，具有极高的历史价值。“样式雷”设计制作的建筑烫样流传至今的约有上百件，大部分收藏在北京故宫博物院，御船烫样存世仅见一件，并保存完好，十分不易。这件御船烫样原为一位美国老人收藏，老人去世后，其家人拿出来拍卖，被北京一位著名的古家具专家购藏，珍贵的国宝才得以重现人世，受人瞻仰。

御船烫样（图59、图60）长1.07米，前有双锚，后有舵桨，保存完整。船体为木制，外层油刷的大漆底下，是一层非常珍贵的鹿角胎漆，这种传统工艺一般只用于精致的古琴制作上，在故宫倦勤斋的珍贵家具上也使用了这种工艺，现今鹿角胎漆的工艺已经失传，御船烫样的出现，对考证御船的制作及工艺传承具有重要的价值。

御船烫样的船舱为二层，舱楼为一歇山顶一平台顶，自下层顶部以上，皆可分部件揭开（图60），展现内部结构。烫样的构件、室内装修，均用工整的馆阁体黄签墨笔说帖标明各处尺寸，船舱下层标示“前抱厦进深六尺”“中殿进深八尺”“平台廊进深五尺”“后殿进深一丈”；上层“敞厅进深七尺”“上层平台面宽七尺”等；舱内装潢“二面水纹式嵌梅花落地罩”“雕作二面蝠流云罩”“二面灯笼框碧纱橱”等；船舱的窗扇使用了中国早期进口的赛璐珞透明胶片，周边饰以万福万寿纹，全船绘苏式彩绘山水、人物、花鸟，颜色华丽，色彩丰富。船头上贴签虽然有损，但可看到残存墨迹：“……身通长五丈七尺，加长三尺，改进通长六丈”。说明烫样已经过皇帝审定，才要加长改进。这件御船烫样的制作不仅精致考究，重要的是它与颐和园御船的设计、制作和流传都有着重要的关系。首先御船烫样的船舱与中国国家图书馆收藏的350-1351设计图（图61）中的船舱样式极为接近；整体与国家科学图书馆收藏的彩图（图62）中的木兰艭大体相似；还和1900—1906年间，日本人山本赞七郎拍摄的停靠在颐和园昆明湖西堤岸边的御船（图64）基本一致。把墨图、彩图、烫样、历史照片（图61~图64）排列在一起，就能很直观地看到颐和园御船从设计初稿到完善细稿到制作小样到完成大船制造的全过程，这个过程反映了颐和园御船变迁的历史和当时的建筑设计、工艺制作和文化传承的历史，也反映了清代统治者在皇家园林颐和园中的物质和精神追求，是进行颐和园历史文化研究的珍贵实物。目前，在“样式雷”图档的传世设计中，颐和园御船设计资料能够达到如此序列的并不多见，可用于研究雷氏的设计思想、建筑设计、制造过程。

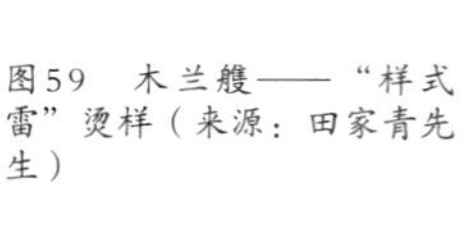

图59　木兰艘——“样式雷”烫样（来源：田家青先生）

图60　木兰艘——“样式雷”烫样（现藏于田家青先生）

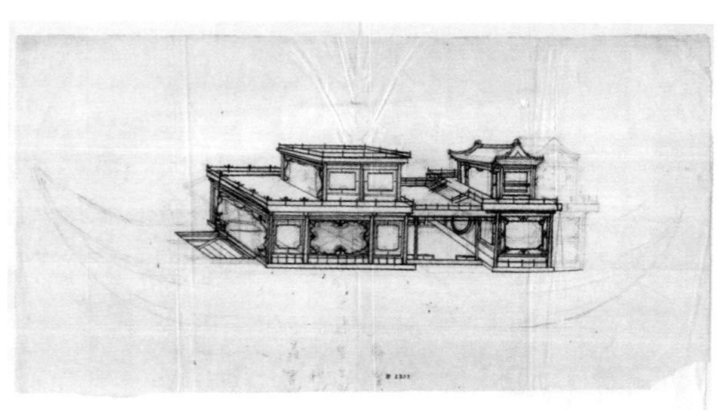

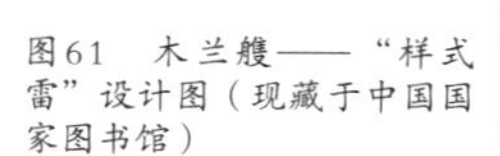

图61　木兰艘——“样式雷”设计图（现藏于中国国家图书馆）

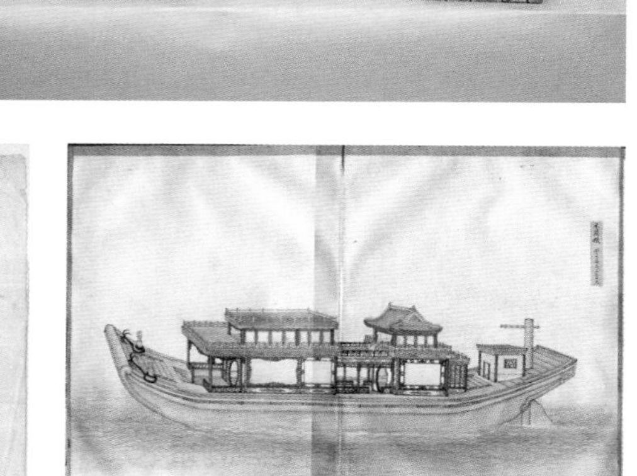

图62　木兰艘——“样式雷”图（现藏于中国科学院图书馆）

图63 木兰艭“样式雷”烫样（来源：田家青先生）

图64 木兰艭实物老照片（来源：1900—1906 山本赞七郎《北京名胜》）

三、颐和园御船文化的保护与发展

颐和园是中国清代建造的最后一座皇家园林，在中国古代园林发展史上具有重要的地位，同样在中国御船文化的保护与发展中也有着举足轻重的价值。“样式雷”设计并遗存至今的御船图（烫）样，为我们研究、考校、复原已经消失了近百年的颐和园皇家用船提供了重要的数据和历史依据，尤其是清晚期颐和园御船的模型样本，极具史料与艺术价值，可资重建之用。

20世纪90年代开始，颐和园依据清宫档案，开始复原曾经在昆明湖上出现过的御船，因为当时没有影像资料，只能凭借档案中的文字描述进行设计，如园中的“太和号”（图65），是按照清漪园中乾隆皇帝最大的御船“昆明喜龙”设计建造的；“安澜艢”（图66）是根据记载中的慈禧三卷屋顶的御坐船设计建造的，并将慈禧书写的匾额挂在了船上。还有大大小小的龙舟画舫都是仿造古意建造的。如今，可以借助“样式雷”的图样、烫样进行一些重建设计，恢复其旧貌，保护和发展颐和园的御船文化，保护颐和园的历史文化。

四、结论

颐和园御船设计画烫样，是“样式雷”舟船设计最直观的表现实物，展示了中国古代建筑、舟船在设计、科技、绘画及传统工艺等方面真实的历史信息，是颐和园进行历史文化发掘和研究、保护、利用的重要依据。

颐和园御船设计图（烫）样，历史序列完整，不仅对“样式雷”图档具有珍贵的研究价值，对中国清代皇家的舟船也有着极其实用的传承价值。

图65 颐和园游船“太和号”

图66 颐和园游船“安澜艢”

工程篇 Engineering

第四章 现状勘察与方案设计

Chapter 4 Status Survey and Restoration Design

现状勘察工作包括了解建筑历史沿革、修缮干预记录及建筑本体现状保存情况，是提出新的修缮方案的基础，方案设计则是顺其自然，以维护文物建筑的真实性、完整性和延续性。

现状勘察与方案设计包括了勘察和方案设计、文件编制两个阶段。现状勘察工作包括两个部分：一方面是对清晏舫的历史形象变迁以及历史修缮干预记录资料的收集整理，在此基础上明确勘察目的，制订勘察计划；另一方面则是利用表面观察和局部探查相结合的方式，对清晏舫的建筑本体、建筑装修装饰、建筑防排水系统以及建筑防雷系统等进行实地勘察，为保护工程提供基本依据。方案设计部分以维护文物建筑的真实性、完整性和延续性为原则，提出了更换建筑糟朽严重的木构件，对建筑防排水、装修装饰等进行全面修缮，以及整治周边环境水域等修缮设计内容。

The status quo survey work includes understanding and gathering the history, restoration records and preservation status of the historical buildings. It is the basis for proposing a new restoration design plan, the design is to follow the heritage's nature in order to maintain the authenticity, integrity and continuity of historical buildings.

The status quo survey and scheme design include two stages of survey and scheme design and document preparation. The status quo survey includes two parts: on the one hand, it collects and collates the historical image changes of Qingyan Boat and the historical repair intervention records, and on this basis, it clarifies the purpose of survey and formulates the survey plan; on the other hand, it uses the combination of surface observation and local investigation to carry out field survey on the building body, building decoration, building drainage prevention system and building lightning prevention system of Qingyan Boat, as the basic for the conservation project. The design part of the plan is based on the principle of maintaining the authenticity, integrity and continuity of the cultural relics building, and proposes to replace the wooden parts of the building that are badly decayed, carry out comprehensive repairs on the building drainage prevention and decoration, and plan to improve the surrounding water environment, etc.

第四章　现状勘察与方案设计

执笔人：朱颐、常耘硕、王晨

第一节　勘察与方案设计阶段

勘察之初，设计人员为制订勘察计划，会查阅并汇总清晏舫的历史档案以及已有图纸等信息资料，其中包括《清漪园总领副总领园丁园户园隶匠邑闸军等分派各处数目清册》《清漪园等处工程奏销档》《石舫等处陈设清册》《御制石舫记》《清高宗御制诗文集》，以及“样式雷”图档、老照片、天津大学测绘资料图纸模型等（表8）。这些资料有助于查清石舫的修建历史、形象变迁、装修陈设、精神活动以及修复年代的经济情况等。在查阅历史档案资料的同时，设计部门还翻阅了新中国成立后两次石舫修缮的重要资料，吸收经验教训，并在此基础上提出更合理的修缮方案。

表8　清晏舫文字档案记录

资料	时间	资料功用
《清漪园总领副总领园丁园户园隶匠邑闸军等分派各处数目清册》	乾隆十三年	修建历史
《御制石舫记》	乾隆十九至二十年	修建历史、精神活动
《崇庆太后万寿庆典图》	乾隆二十五年	形象变迁
和珅《清漪园等处工程奏销档》（《奏为粘修清漪园等工程及用料银两事》）	乾隆五十年	修建历史、经济开销
乾隆41首石舫御制诗	乾隆十九年至嘉庆二年	精神活动
《石舫等处陈设清册》	嘉庆十二年	装修陈设、精神活动、经济开销
“样式雷”图《清漪园西宫门内外各处殿座亭台桥座房间等地盘样中的水操学堂》（重修前）	光绪十三年年底、十四年年初	修建历史
“样式雷”图《颐和园石舫添修木板桥地盘样》国344-0767	光绪十九年	修建历史、形象变迁
“样式雷”图《颐和园石舫添建木板桥图样》国357-2040	光绪十九年	修建历史、形象变迁
“样式雷”图《颐和园清晏舫匾额立样》国346-0952	光绪十九至二十二年	形象变迁
外国记者拍摄石舫焚毁后船基残存老照片	待查	修建历史、形象变迁
石舫《工程清单》	光绪十九至二十年	修建历史、经济开销
光绪朝重建后老照片	19世纪60年代	形象变迁

一、清晏舫概况

清晏舫是颐和园中唯一一处舫式建筑，也是具有西洋风格的两座建筑之一。它位于昆明湖的西北部，东与长廊石丈亭相望，此处是颐和园西部湖堤景观向万寿山过渡的空间纽带，造就了清晏舫这一重要的景观名片。

清晏舫船基长35.975米，最宽处（仿火轮转盘）10.576米，高1.57米，船尾起翘最高处达3.09米；木构船身总面阔23.01米，进深5.7米，最高处10.921米；建筑面积362.2平方米。清晏舫由下至上可大略分为4个单元层次：台基、一层舫身、二层舫身、屋顶。每层由半室外与室内空间组成。材料主要以木材、玻璃、青白石为主（表9），而舫身结构依旧沿用中国传统木结构，为模仿青白石的质感，在表面施以大理石涂料（图67）。

表9　清晏舫构件及材质统计表

	构件	材料
主体结构	台基+仿火轮转盘	石（大理石、汉白玉、青白石）
	柱子（柱础+柱身+柱头）	木结构+大理石涂料
	二层地面梁+地板	木
	屋面下地面梁+地板	木
	楼梯	木
外围护	墙身	木结构+大理石涂料
	拱形窗	彩绘玻璃
	方形窗	玻璃
	屋面	灰瓦
	屋顶脊	花砖
	屋檐（挂檐板）	雕花石砖
	阳台围墙	木结构上贴砖
	栏杆	铁

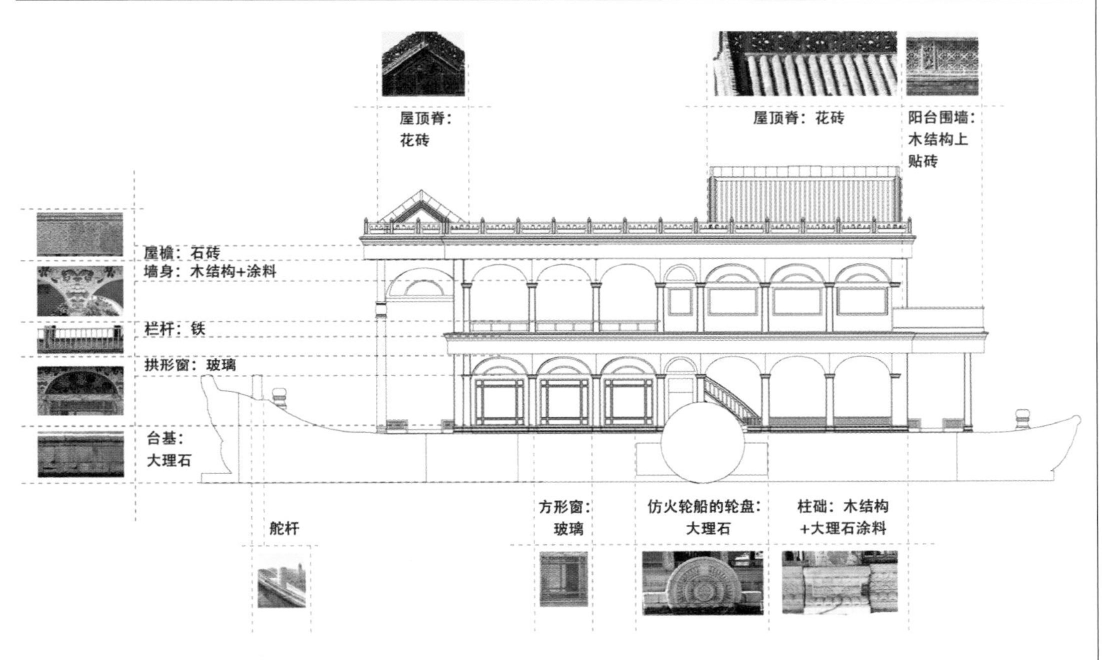

图67　石舫材质

二、历史沿革（勘察前档案收集整理）

1.形象的变迁

清晏舫始建于乾隆二十年（1755年）；嘉道咸三朝，帝王登临清晏舫的次数不多，建筑并无大改动；咸丰十年（1860年）英法联军焚掠清漪园（颐和园前身），石舫的中式木构船身被毁；光绪十九年（1893年），在原有清晏舫基上改建西式舱楼，船基两侧添加仿火轮转盘，目前景区内清晏舫的建筑主体及形象正是成型于此时期（图68）。

2.历史修缮记录

新中国成立后，清晏舫历经了1986年和1999年两次修缮。1986年清晏舫的第一次大规模修缮，是一次全方位的排险维修工程。1999年的修缮相对规模较小，是对重点部位的加固型修缮工程。

图68　光绪朝重建石舫的老照片

（1）1986年的修缮

颐和园1986年的修缮计划包括了园内的众多保护单位，其中特别提到工作重点包括清晏舫的整修（图69）。

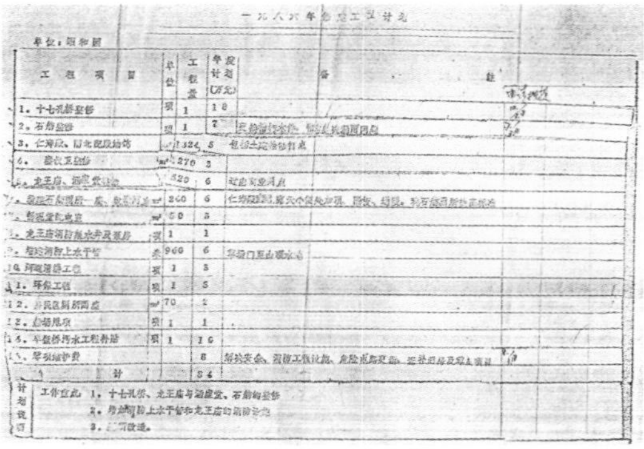

图69　1986年修缮工程计划

本次修缮是第一次采用现代科学方法对石舫进行修缮，涉及以下5个方面。

①主体结构方面：南侧中仓三间落架重修，更换糟朽的木制构件；北侧和南侧未拆部分，拉戗加固，以防闪位（表10）。

②屋面：石舫北部屋顶、南部屋顶，砍里见新，查补瓦件，两山花活打点见新，中仓屋顶按古建做法进行施工，并加层锡背，以防顶部漏水，延长使用寿命；北侧中层平台，拆去现有附属物，疏通雨水口，增添铁篦子，细墁方砖。缺损石活，用环氧树脂黏结，剁斧、打磨，以和原有石活基本保持一致。

③挂檐、栏板、坐柱等砖雕花活装饰构件，经历拆安的，按原样恢复，栏板、坐柱用铁锯加固；不需拆安的，打点见新。

④玻璃：花色玻璃按原样恢复。

⑤油饰：挂檐板、上架大木、下架大木、木地板、木楼梯砍活后做一麻五灰地仗，并按原样恢复；花活、木栏杆、楣子窗屉砍活后做单坡灰地仗，并按原样恢复；硬木隔断，用碱水洗净，重新上色、烫蜡，并打磨出亮；顶棚（五合板）铲除、打磨、捉找石膏腻子，三遍漆后成活，和室内油漆颜色保持一致。

表10　1986年石舫修缮更换构件

位置	构件
下层	承重柁2件；承重随柁2件；旋脸2件；龙骨8件；檩子4件；窗上坎5件；墩接抱柱2件
上层	承重柁2件；梅花柱1件；旋脸2件；龙骨3件；檩子5件；新换地板50.32平方米
上下层	檐边木16件；挂檐板38米

图70　修缮前糟朽的木旋脸、木柁头

图71　修缮中的清晏舫工程

（2）1999年的修缮

此次的修缮主要包括重点部位的加固整修和细部的打点维护（图70、图71）。

①首层承重梁的更换与加固：二层屋架加固支撑后，更换首层承重梁，承重梁四周花罩高度保持一致（图72、图73）。

②屋面平台的整修，檐口顶板的加固：查补坡屋顶的屋面，添配破损的瓦件。中层上层和底层的檐口顶板，在不更换顶板的情况下，在腐朽部分的原顶板下安装新的顶板进行支顶加固（图74、图75）。北侧平台挑顶按砖挂—砖栏板—平台地—望板—梁枋的顺序拆除，拆除后更换腐朽的檐边木、望板和梁枋等构件，其他构件按原样原位复装，平台用SPS防水材料做二层防水，地面照原样恢复。

③油饰的整修。

a.下架大木清理铲除旧有地仗，重做一麻五灰地仗，醇酸调和漆打底，做仿大理石花纹图案。拱形部位按原彩画做荷花翻草彩绘。内檐、梁枋、顶板做一麻五灰，磨细钻生，满刮血料腻子，刷无光调和漆三道（图76、图77）。

b.门窗清理铲除旧地仗，刮找腻子，使用传统油漆材料重新油饰。

c.室内部分清理铲除旧地仗，刮找腻子，使用传统油漆材料重新油饰。

图72 糟朽的木梁

图73 安装后的新木梁

图74 北侧平台糟朽的木顶板

图75 安装后的新木顶板和挂檐板

图76 梅花柱上的旧地仗砍干净后

图77 梅花柱披麻完毕

④其他部位细部的打点维护。

a.挂檐、栏板、坐柱等砖雕花活装饰构件，打点，添配短缺的，加固松动的。

b.门窗、坐凳：检修破损的门窗，添配短缺的坐凳，规格保持一致。

c.石活地面：勾抹灰缝。

d.排水：清扫房顶、平台上的集存物，疏通排水管道。

三、主要勘察情况

1. 勘察目的

在查阅历史档案、综合已有历史修缮记录的基础上，制订勘察计划，明确勘察的主要目的。首先，查明清晏舫由于自然因素造成的结构损坏，包括石舫台基整体是否变形、下沉、倾斜和坍塌；结构是否变形、失稳；表面是否风化、酥碱；建筑构件是否糟朽、断裂；屋面是否渗漏；装修是否残损、缺失等。其次，查明人为因素造成的损坏现象，包括历史上营建、衰败、焚毁、重修的变化情况，以及由于使用所造成的改变等。

2. 勘察手段

清晏舫为昆明湖西部一处重要的景观建筑，为了尽量减少对景观、游人的影响和对古建筑的损伤，勘察时主要采用表面观察和局部探查的方式。由于很多隐蔽部位的损坏在表面勘察时不易被发现，如屋面基层情况、封闭顶棚内梁架情况等，除了根据屋面瓦件、天花等破损的表象进行推测以外，还采取了开检查口、局部探查等方法。同时，对条件实在不允许勘察但有可能出现损害的隐蔽构件、部位，如天沟等，进行重点标注，留待施工过程中进一步勘察。

3. 勘察设计文件

对清晏舫建筑的形制、环境、保存状态，以及对建筑损伤、病害情况进行的现场勘察、探查和检测，为保护工程提供了基本依据。再对建筑现状情况进行综合性分析研究，给出文物建筑保存现状的结论性意见。在此基础上，编制《颐和园清晏舫修缮工程勘察设计文件》，包括现状勘察文件、方案设计文件以及工程设计概算。勘察设计文件详细说明了文物本体病害和损伤的性质及程度、设计依据、工程性质以及工程实施的必要性和保护措施的合理性、科学性、可靠性。

由于清晏舫建筑形式和材料复杂多样，有的虽有残损却不影响结构及美观，在维护建筑历史真实性和绿色集约的宗旨下，只记录残损情况用以监测保护并不急于修缮，如台基石块的磨损情况。为了便于分析和制定修缮方案，根据现场勘察情况，以石舫建筑构件作为基本单元。部分单元按照受损情况分为4~5个等级记录和监测，残损强度递减，如踏垛、柱础分为5个受损等级，柱头、柱身、天窗、窗分为4个受损等级。部分单元则重点记录残损部位以利于提出修缮方案。部分单元则兼而有之，整修更换和记录监测并行，如个别柱根的糟朽更换与柱整体的记录监测。

（1）建筑本体

1）台基

台基各部由汉白玉和青白石石块垒砌而成，石块形态大致分为五种：长方块、阳角、阴角、一面倒角和两面倒角。主要残损表现有：①台基大面积风化酥碱，水泥填缝；②阶条石、踏垛大

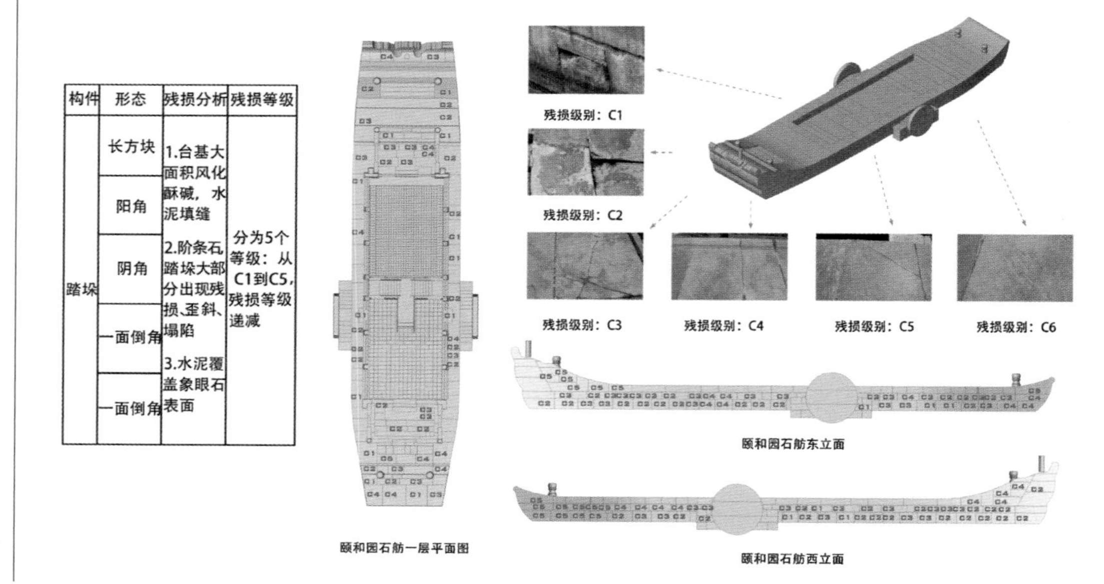
<table>
<tr><th>构件</th><th>形态</th><th>残损分析</th><th>残损等级</th></tr>
<tr><td rowspan="5">踏垛</td><td>长方块</td><td rowspan="5">1.台基大面积风化酥碱，水泥填缝
2.阶条石、踏垛大部分出现残损、歪斜、塌陷
3.水泥覆盖象眼石表面</td><td rowspan="5">分为5个等级：从C1到C5，残损等级递减</td></tr>
<tr><td>阳角</td></tr>
<tr><td>阴角</td></tr>
<tr><td>一面倒角</td></tr>
<tr><td>一面倒角</td></tr>
</table>

图78　石舫台基残损现状调查

部分出现残损、歪斜、塌陷；③水泥覆盖象眼石表面。残损程度分为C1至C5五级，逐级递减。C1：石块严重破碎缺角、风化酥碱明显，石块缝隙内长草。C2：石块轻微破损缺角、表面有风化酥碱痕迹，缺角部分长草。C3：石块表面破损裂缝明显，有多条裂缝。C4：石块仅有1条通长主裂缝。C5：石块仅在角部或不明显处有轻微裂缝。（图78）

2）大木梁架

经过20世纪的两次整修，大木梁架结构基本稳定，仅有局部柱子糟朽下沉（图79）。二层A轴与⑧轴交叉处柱子下沉50毫米，导致拱券开裂，坐凳变形。

另石舫柱子部分暴露在外，除考虑结构稳定性外，其表面风化、裂缝、油饰脱落等残损也需修缮。柱子包括柱础、柱身和柱头三部分。木质柱上涂刷大理石涂料，使整体观感呈石质。柱础（B）主要残损为风化酥碱，分为5个等级；柱身（A）和柱头（C）主要残损包括：①风化酥碱；②裂缝；③油漆脱落，各分为4个等级（图80）。

图79　二层A轴与⑧轴交叉处柱子下沉50毫米，导致拱券开裂，坐凳变形

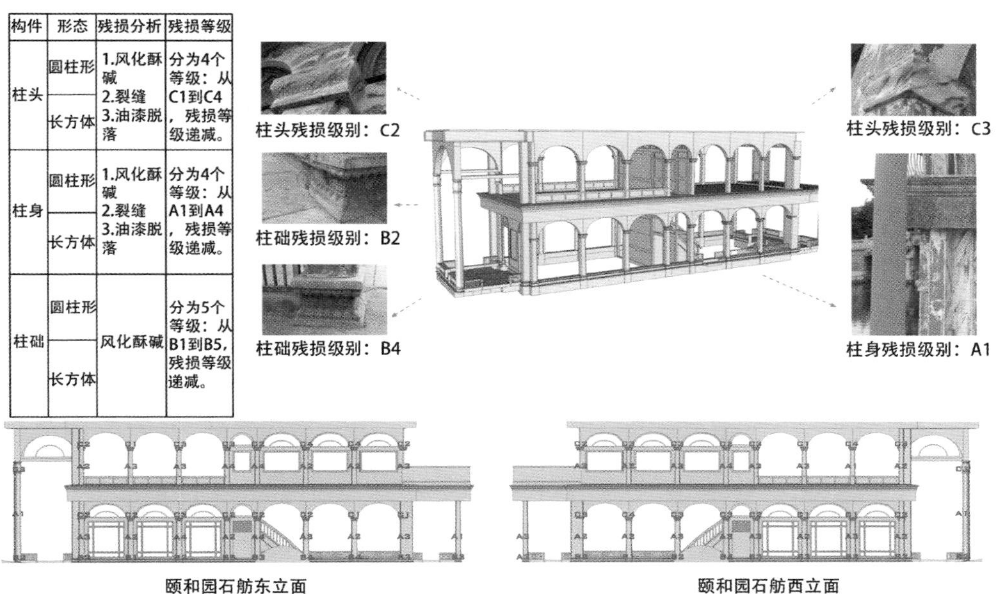

构件	形态	残损分析	残损等级
柱头	圆柱形	1.风化酥碱 2.裂缝 3.油漆脱落	分为4个等级：从C1到C4，残损等级递减。
	长方体		
柱身	圆柱形	1.风化酥碱 2.裂缝 3.油漆脱落	分为4个等级：从A1到A4，残损等级递减。
	长方体		
柱础	圆柱形	风化酥碱	分为5个等级：从B1到B5，残损等级递减。
	长方体		

图80　石舫大木梁架结构残损现状调查

（2）建筑装修装饰

1）油饰地仗

石舫油饰地仗首先受到侵蚀破坏。地仗开裂、脱落严重，仿大理石油饰油皮爆裂、褪色严重。（图81~图83）

2）玻璃窗

光绪朝重修石舫，西洋式风格船屋就使用玻璃窗。现玻璃窗包括带有纹饰的拱形和方形天窗及素面柱间方形窗，天窗的残损情况分为：①缺失；②裂痕；③花纹油漆脱落；④窗框油漆脱落。方形窗残损情况分为：①裂痕；②窗框与墙相交处腐朽，破损严重；③窗框油漆脱落。（图84）

其中石舫二层⑨轴与⑩轴之间的彩色玻璃窗因长期西晒，导致所有彩色玻璃窗均向东鼓闪严重，其余各间彩色玻璃窗也均有不同程度的变形鼓闪。当前已在窗外侧加铁活加固。（图85、图86）

3）墙身、屋檐

石舫挂檐板雕满花纹，极富装饰性，由方形石砖拼接而成。残损情况按4个等级划分，主要为：①风化酥碱；②干缩裂缝；③缺块；④轻微腐朽；⑤水泥填缝。（图87~图91）

队以上情况外，石舫隔断、栏杆、室内花砖地面等均有不同程度的损坏。

图81　仿大理石油饰油皮爆裂、褪色严重

图82　地仗开裂、脱落严重1

图83　地仗开裂、脱落严重2

构件	形态	残损分析	残损等级
天窗	拱形 长方形	1.缺失 2.裂痕 3.花纹油漆脱落 4.窗框油漆脱落	分为4个等级：从B1至B4，残损等级递减
窗	长方形	1.裂痕 2.窗框与墙 相交处腐朽，破损严重 3.窗框油漆脱落	分为4个等级：从A1至A4，残损等级递减

残损情况：缺失

残损情况：花纹油漆脱落

残损情况：残破

残损情况：裂痕

残损情况：窗框油漆脱落

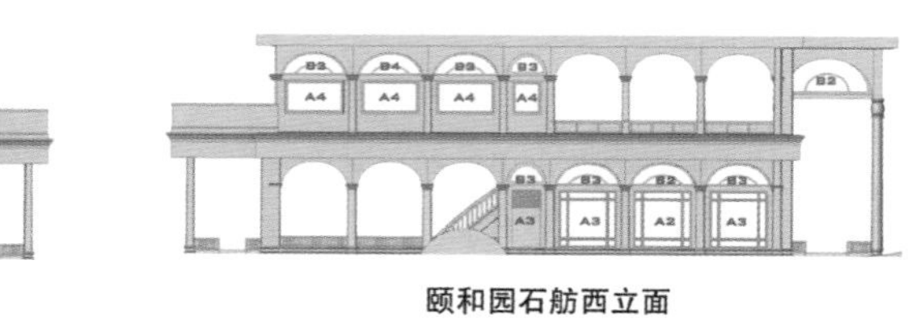

图84　石舫西洋玻璃窗残损现状调查

图85 ⑨轴与⑩轴之间的彩色玻璃窗向东鼓闪严重

图86 其余各间也有不同程度鼓闪

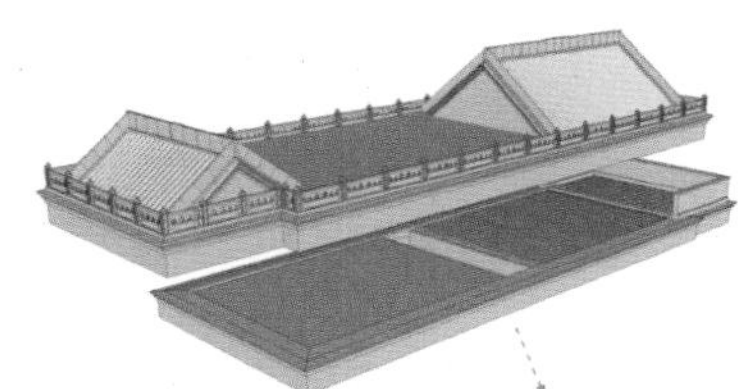

构件	形态	残损分析	残损等级
挂檐板	方形	1.风化酥碱 2.干缩裂缝 3.缺块 4.轻微腐朽 5.水泥填缝	分为4个等级：从C1到C4,残损等级递减

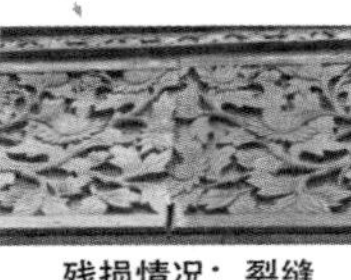

残损情况：裂缝

残损情况：风化酥碱

残损情况：水泥填缝

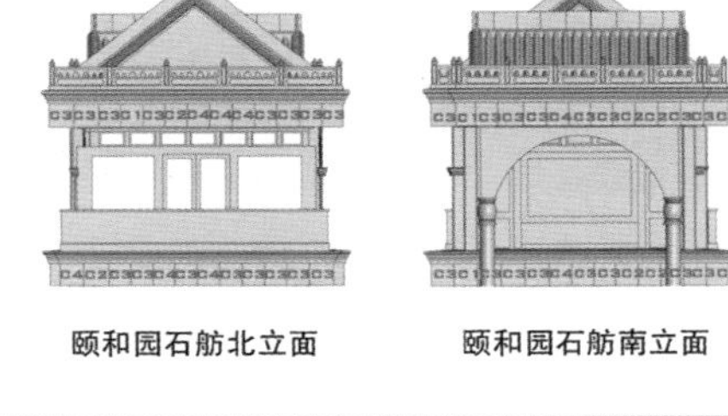

颐和园石舫北立面　颐和园石舫南立面

颐和园石舫西立面

颐和园石舫东立面

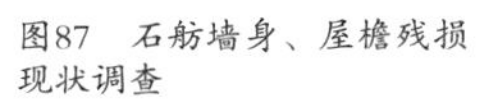

图87 石舫墙身、屋檐残损现状调查

图88 因年久失修冰盘檐松动、开裂

图89 因年久失修雕刻栏板、望柱局部残损

图90 因年久失修局部雕刻栏板、望柱松动

图91 二层局部压面砖开裂，宇墙内侧后抹青灰画假缝

（3）建筑排水、防水系统

由上述两项调查可知，清晏舫主体结构基本稳定，而建筑防水、排水系统、装修装饰等方面问题较严重。石舫暗排水不畅，明排水口也有不同程度的堵塞，这是导致与排水管相邻的木柱和木楼板等木构件糟朽油饰地仗龟裂、油皮脱落严重的最主要原因。木楼板楼面曾做过胶皮防水，但已拆除，局部残留，现无任何防水措施，下雨时积雨，导致楼板变形糟朽。（图92~图99）

图92、图93　一层顶部排水管附近受损情况

图94、图95　二层排水管附近受损情况

图96　屋面漏雨，望板糟朽严重

图97　胶皮防水的局部残留

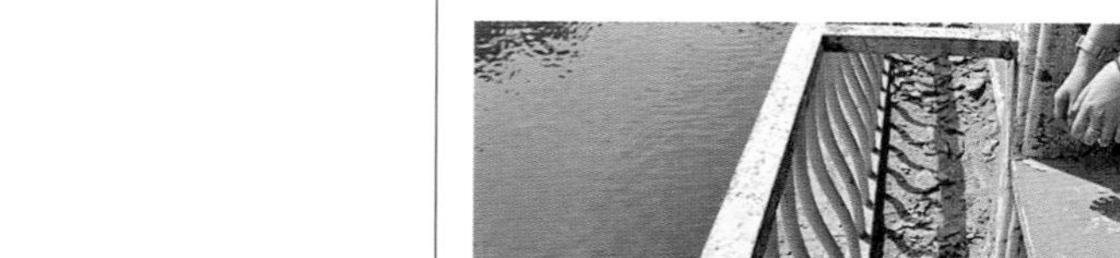

图98　二层坐凳外侧的水泥砂浆地面

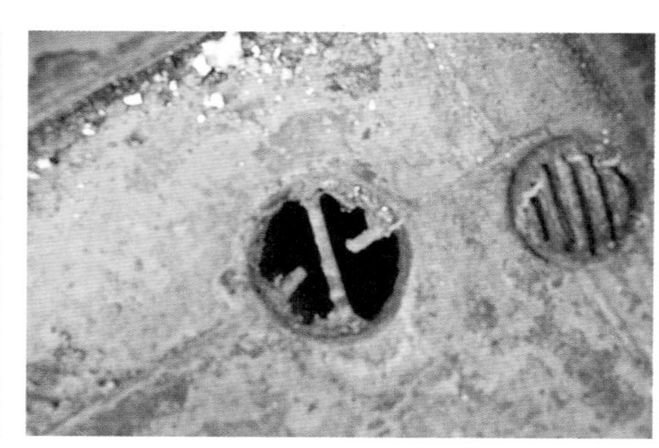

图99　排水地漏

（4）建筑防雷系统

目前石舫缺少防雷装置。

（5）现场勘察结论

清晏舫经过1989年及1999年两次较大规模的修缮后，建筑主体结构基本稳定。部分糟朽严重的木构件需进行整修更换，建筑防排水系统、装修、油饰地仗等需进行全面修缮，建筑防雷系统需补配。

第二节 方案设计文件的编制

《石舫修缮工程方案设计》包括设计说明和施工图纸两部分内容。设计说明如下。

一、修缮设计依据

①《中华人民共和国文物保护法》。

②《中国文物古建保护准则》。

③《关于对国家一级保护文化和自然遗产的建议》。

④《关于保护景观和遗址的风貌与特性的建议》。

⑤石舫修建、历史档案资料。

⑥石舫修缮工程勘察结果。

⑦石舫修缮工程设计任务书。

⑧石舫修缮工程专家意见。

二、修缮设计原则

①颐和园是世界文化遗产、全国重点文物保护单位，其修缮工程应严格遵循不改变文物原状和最小干预的原则。

a.遵照世界文化遗产有关公约和我国有关文物保护的法律法规，保持石舫的总体风格，进行整体保护修缮，制定科学的修缮设计方案。

b.遵照不改变文物原状、不破坏文物价值的修缮原则，保留现存石舫的建筑法式、不同时期的构造特点和历史遗存。

c.尽量保留和使用原材料和原构件、原构造，对构件的更换掌握在最小限度内。

d.新添置的部分应有可识别性和可逆性。

e.慎重使用现代材料，如使用必须经过历史工程的实践检验和专家认可。

②应尽量采用传统材料和工艺，如确需使用新型材料或现代工艺，应先期开展小面积试验，以验证其对文物的影响。

三、修缮设计方案的制定

1.修缮的保护措施

石舫的维修性质定位为现状维修。保护措施定位为现状整治，遵循国际文物保护准则和我国文物保护法的相关法规，本着原状保护、最小干预、最大限度保存其历史信息的原则实施保护。实施过程中坚持采用原形制、原材料、原工艺、原做法来组织保护项目实施。此次维修，在充分依据历史照片、文献等作为修复设计依据的前提下，按历史原状恢复，以体现其历史的真实性。

2.修缮范围及主要内容（部分略）

①清晏舫经过1986年及1999年两次较大规模的修缮，建筑主体结构基本稳定。部分糟朽严重的木构件需进行整修更换，建筑防排水系统、装修、油饰地仗等需进行全面修缮。建筑防雷系统需补配。

②周围环境及水域的整治。

③在文物建筑本体及不可移动文物的保护方面，根据对文物保护的要求，在施工前和施工中需对上述范围进行防护处理，采取软质或硬质包裹、隔断、支护等方法。

④根据使用功能的要求由专业设计单位完善水、电、展室温控、消防、报警、安防、避雷、广播、网络以及与之配套的监控室设置。整个勘察及方案设计工作自2011年3月北京颐和园管理处向北京市文物局提交开始，至2013年10月10日工程竣工总验收，历时超过32个月（实际施工时间6个月），勘察总建筑面积约326.2平方米。

共完成《颐和园清晏修缮工程现状勘察报告》《颐和园清晏舫修缮工程现状勘察图》《颐和园清晏舫修缮工程修缮图》《颐和园清晏舫彩画油饰修缮设计》及《颐和园清晏舫修缮工程施工图设计》等文件。

工程中除对建筑本体进行修缮外，对清晏舫周围环境的安防、监控、消防、避雷等设施也进行了全面的升级改造。

第五章　修缮工程技术

Chapter 5 Construction Technology

本章主要包括了对清晏舫现场修缮工程从工程周期到现场施工过程的完整记录。本次修缮工程历时两年，是一次以文化遗产的可持续发展为宗旨的防护性修缮。综合历史文献的整理和现状勘察的结果,主体修缮部分主要包含了防排水系统（疏通天沟、重做防水）、油饰地仗彩画等装修系统（重做油饰地仗、券墙图案重绘、补配玻璃花窗、墙身屋檐补配拆砌等）、防雷系统（加强避雷网防雷性能）以及大木构架（保留并加固木构件、船体打点整修）。文中对施工细节进行了详细记录，并展示了主要部分的修缮施工图纸。

This chapter mainly includes a complete record of the restoration project on site of Qingyan Boat from the engineering cycle to the construction process on site. The restoration project lasted for two years and was a protective restoration for the purpose of sustainable development of cultural heritage. Based on historical documents and the results of the survey of the current situation, the main part of the restoration mainly contains the anti–drainage system (dredge the gutter, redo the waterproofing), the decoration system (redo the oil decorative flooring, repainting the pattern of the coupon wall, replacing the glass windows, replacing the eaves of the wall with demolition, etc.), the lightning protection system (strengthen the lightning network lightning performance) and large wooden frame (retain and reinforce the wooden components, hull pointing refurbishment). The text of the construction details are recorded, and the main part of the repair construction drawings are displayed.

第五章　修缮工程技术

执笔人：荣华、张斌、罗晓靓

第一节　修缮工程周期（表11）

表11　修缮工程周期

时间	编写单位	主送单位	文件	附件	主要内容、侧重点
2011年3月	北京市颐和园管理处	北京市文物局	《颐和园关于清晏舫（石舫）进行保护性加固的报告》	《颐和园石舫排险工程的初步方案》	
2011年9月16日	北京市颐和园管理处	北京市文物局	《颐和园关于清晏舫修缮工程方案的请示》	①《颐和园清晏舫修缮工程现状勘察报告》； ②《颐和园清晏舫修缮工程现状图及修缮图》； ③《颐和园清晏舫修缮工程可行性专家论证意见》	
2012年4月13日	国家文物局	北京市文物局	《关于颐和园清晏舫修缮工程方案的批复》		油饰、彩画 屋顶梁架 彩色玻璃 特别提到《关于东亚彩画保护的北京备忘录》
2012年4月23日	北京市文物局	北京市颐和园管理处	《关于颐和园清晏舫修缮工程方案的复函》		
2012年8月12日	北京市颐和园管理处	北京市文物局	《颐和园关于清晏舫修缮工程方案核准的请示》	①《颐和园清晏舫修缮工程施工图》； ②《颐和园清晏舫修缮工程专家评审意见》	
2012年8月24日	北京市文物局	北京市颐和园管理处	《颐和园关于清晏舫修缮工程方案核准意见的复函》		
2013年4月18日	北京市文物工程质量监督站		《工程质量监督注册登记表》		计划开工日期：2013年4月20日 计划竣工日期：2013年11月15日
2013年4月20日			开工		
2013年10月10日			竣工移交证书		
2013年10月15日			《北京市文物建筑工程竣工验收备案表》		

施工：整体施工进度计划见图100。

施工验收：2013年10月10日，竣工且完成证书移交。

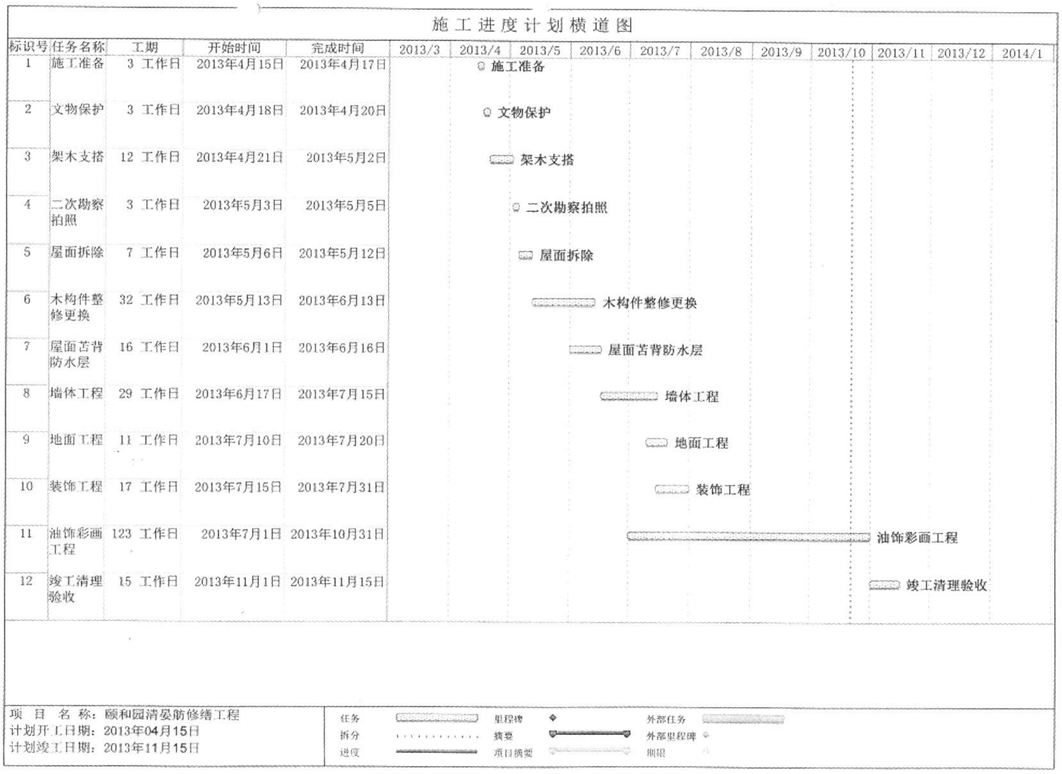

施工进度计划横道图

2013/3 | 2013/4 | 2013/5 | 2013/6 | 2013/7 | 2013/8 | 2013/9 | 2013/10 | 2013/11 | 2013/12 | 2014/1

标识号	任务名称	工期	开始时间	完成时间
1	施工准备	3 工作日	2013年4月15日	2013年4月17日
2	文物保护	3 工作日	2013年4月18日	2013年4月20日
3	架木支搭	12 工作日	2013年4月21日	2013年5月2日
4	二次勘察拍照	3 工作日	2013年5月3日	2013年5月5日
5	屋面拆除	7 工作日	2013年5月6日	2013年5月12日
6	木构件整修更换	32 工作日	2013年5月13日	2013年6月13日
7	屋面苫背防水层	16 工作日	2013年6月1日	2013年6月16日
8	墙体工程	29 工作日	2013年6月17日	2013年7月15日
9	地面工程	11 工作日	2013年7月10日	2013年7月20日
10	装饰工程	17 工作日	2013年7月15日	2013年7月31日
11	油饰彩画工程	123 工作日	2013年7月1日	2013年10月31日
12	竣工清理验收	15 工作日	2013年11月1日	2013年11月15日

项 目 名 称：颐和园清晏舫修缮工程
计划开工日期：2013年04月15日
计划竣工日期：2013年11月15日

任务　拆分　进度　里程碑　摘要　项目摘要　外部任务　外部里程碑　期限

图100　施工进度计划横道图

第二节　修缮工程主体

经历史文献的整理和现状勘察的结果可知，1986年和1999年两次修缮后，石舫的主体结构暂不存在致命危险，油饰彩画等装修装饰问题一直是石舫几次修缮的核心问题。除岁月的磨蚀外，日晒雨淋是油饰彩绘最大的病因，从这一点看，最根本的问题是排水、防水系统的缺陷。历史上石舫作为皇族（慈禧）登临和观览阅戏之所，总有人打理维护，如二层窗户有雨帘遮雨、窗帘防晒等措施。现今，石舫作为历史保护建筑，需尽可能加强管理，同时完善排水、防水系统。这也是前两次修缮中力度不够之处。另外，此次维修中，还特别强调防雷系统的建设。

总的来说，这是一次以文化遗产的长远可持续发展为宗旨的防护性修缮。

一、防水、排水系统

①疏通、清理天沟、排水沟槽以及排水管，更换与排水管相邻的糟朽木构件，并做好排水口、连接点的防漏处理。排水管线选用耐腐蚀、延年性好的铜质管材。

②二层屋面挑顶，重做防水，重做屋面；木楼板检修，重铺整体防水性好且满足使用要求的胶质材料。（图101）

③恢复二层窗外可收起的竹质卷帘。

图101　勘察石舫排水防水系统

二、油饰地仗彩画等装修系统

1.油饰彩画

①室外下架及二层室内油饰地仗重做，大理石纹饰重绘。（图102~图104）

②柱间拱券墙部分按现有图案重绘。（图105、图106）

③木地板油饰地仗重做。

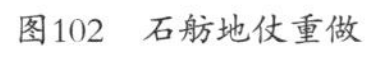

图102　石舫地仗重做

图103　石舫重刷油漆

图104　石舫重绘大理石纹饰

图105　石舫彩画重描

图106　石舫彩画重绘

2.玻璃花窗

①将现有彩色花玻璃窗拆下，按原工艺整修窗框及花窗，补配彩色玻璃，重新安装。（图107~图109）

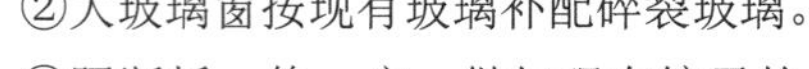

②大玻璃窗按现有玻璃补配碎裂玻璃。

③隔断拆、修、安，做好现存镜子的保护，二层⑥轴恢复镜子。（图110）

图107　石舫彩绘玻璃窗重做

图108　石舫彩绘玻璃窗棂重新油饰

图109　石舫彩绘玻璃窗棂重新油饰后

图110　石舫大玻璃镜子重做

3. 墙身屋檐

①屋面砖雕及檐部砖雕刻的栏板、望柱，对松动、碎裂、缺失的部位进行加固、补配、更换。

②檐部冰盘檐局部拆砌。

4. 其他

①一层花砖地面清理保护，现状保留。

②二层南侧铁栏杆（美人靠）保留，检修后重刷油漆。

三、防雷系统

石舫采用传统避雷带（网）防雷系统，但因为石舫临水的特殊位置，防雷风险更大，系统要求达到比传统古建筑的防雷工程更高性能。

避雷带采用直径10毫米铜棒（古建的防雷工程一般采用直径为8毫米的铜棒做避雷带）；引下线设置四根；引下线接地保护槽，应延长到岸边大地内，伸入土层；引下线在水层部分容易散流，水是良导体，要防止水导电引起的电伤事故；选用寿命150年的接地极；增加雷击计数器，以便了解本系统的被雷击情况和防雷性能，做好进一步的检测防御工作（图111）。

文物安全防护设施建设工程方案专家评审意见表

登记号：

方案名称		颐和园清晏舫修缮工程（防雷部分）
设计单位		北京万云科技开发公司
总体评价	设计任务书	任务明确、合理（是否清晰、明确、合理）
	勘察报告	分析清楚，图纸完善（是否全面、真实，问题分析是否准确，图纸是否完整、规范）
	设计说明	符合要求（必要性与可行性论证是否充分，保护原则、保护措施是否合理可行，对文物本体及环境风貌是否有破坏或影响）
	设计图纸	立面图完整，需要补充平面图（是否完整、规范）
	设备选型与配置	（是否经济、适用、可靠）
	工程预算	（是否合理）
	评审结论	方案可行（可行、基本可行、不可行）

具体意见：

1. 清晏舫三面临水，雷击容易发生，采取防雷措施是必要的。
2. 采用避雷带（网）进行防雷是传统方法，它的有效性也得到了证明。
3. 需要补充平面图，因从平面图可看到接地装置的位置。
4. 在古建防雷工程一般采用Φ8紫铜棒做避雷带。本工程处在临水位置，防雷风险更大，采用Φ10铜棒可以提高防雷性能是合理的。
5. 比石舫大的古建筑，引下线设置四根，建议石舫也采用四根。
6. 石舫的接地极的结构，充分考虑了临水的特点，施工较难，所以要求接地极寿命要长，本工程的接地极寿命可达150年，远比[illegible]接地极寿命长。
7. 建议增加雷击计数器，以便了解本系统的雷击情况和防雷性能。

专家签字：[illegible]　时间：2013年5月9日

图111　颐和园清晏舫修缮工程（防雷部分）专家评审意见表

四、大木构架

①大木构架现状保留，对于糟朽、劈裂、变形的木构件进行墩接、包镶、铁活加固，达到排除安全隐患的目的。（图112~图115）

②石舫船体打点清理整修。

图112　石舫木柱脚糟朽情况勘察

图113　石舫木柱脚剔除糟朽部分

图114　石舫木柱脚糟朽部分修补

图115　加固首层承重梁

第三节　修缮施工图纸（部分）

一层平面图见图116。

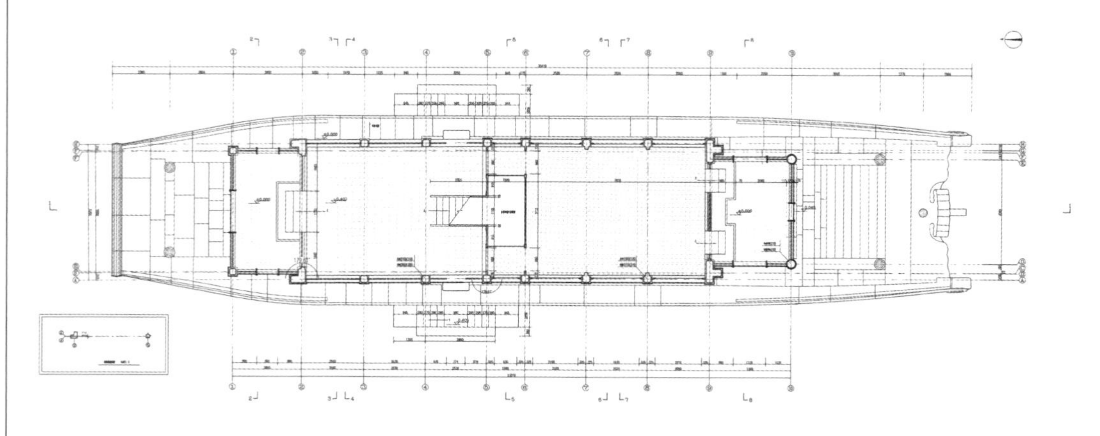

图116　石舫一层修缮图（平面）

立面图见图117。

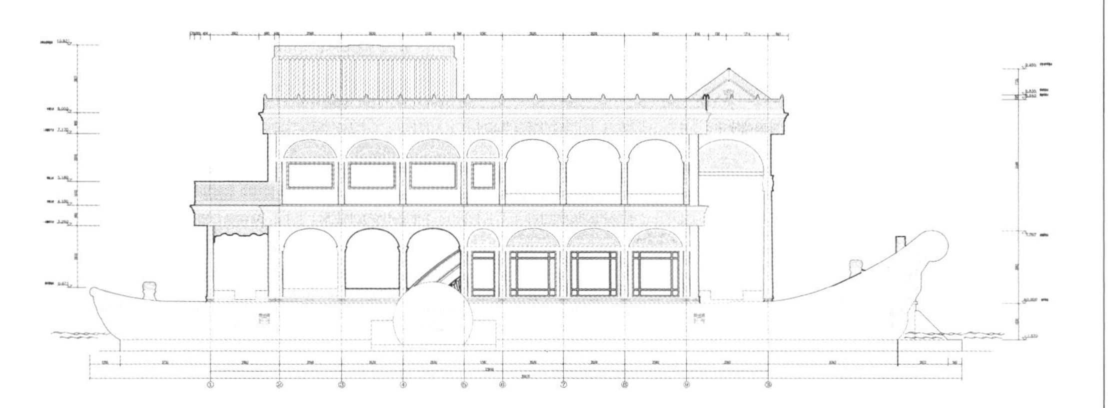

图117　石舫修缮图（立面）

剖面图见图118。

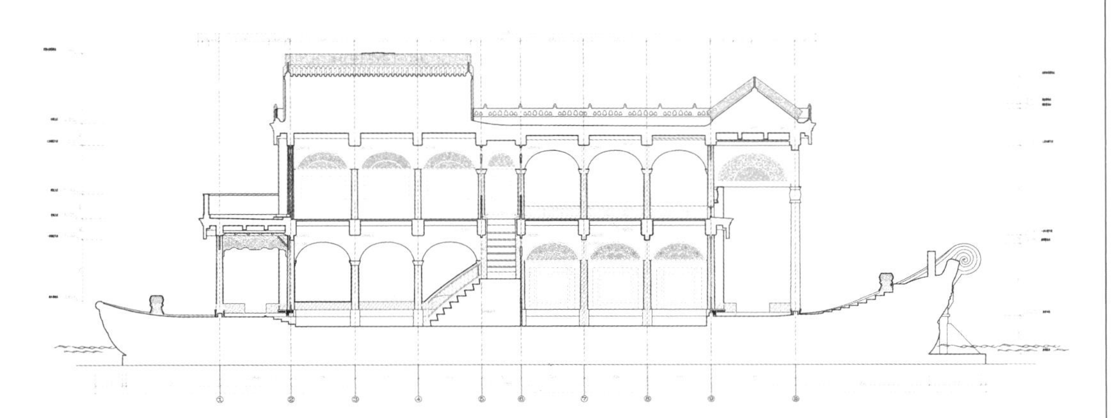

图118　石舫修缮图（剖面）

修缮后照片见图119。

图119　石舫修缮后照片

科技篇 Technology

第六章 石舫的信息采集与管理

Chapter 6 Information Collection and Management of Marble Boat

本章节详细说明了清晏舫在修缮期间如何利用三维扫描仪，Cyclone、Geomagic、AutoCAD等软件进行三维数据的采集处理以及结合二维线画图进行测量数据相互补充的全过程。同时尝试利用BIM对清晏舫的“建筑生命周期”进行管理，将清晏舫BIM模型的族进行规划分类并定义模型构件的25项属性，细分清晏舫的建造阶段，模拟施工过程，动态展示清晏舫的营建过程。

This chapter details the whole process of how to use 3D scanner, Cyclone, Geomagic, AutoCAD and other software to collect and process 3D data during the restoration of Qingyan Boat, and to combine 2D drawing to complete the measurement data. At the same time, we try to use BIM to manage the “building life cycle” of Qingyan Boat, plan and classify the branchs of BIM model of Qingyan Boat and define 25 attributes of model components, subdivide the construction stage of Qingyan Boat, simulate the construction process, and dynamically display the construction process of Qingyan Boat.

第六章　石舫的信息采集与管理

执笔人：徐龙龙、袁媛、荣华

第一节　信息采集

石舫建筑群信息的类型，可分为历史信息、物理信息、空间信息。其中历史信息主要通过文献研究，包括“样式雷”图档研究及现状勘察获取；物理信息是在空间信息采集的基础上，通过现场测试、取样、布设监测设施获取。因此空间信息的采集是重中之重，本节主要讨论空间信息的采集。

近年来，测量新技术层出不穷。三维激光扫描技术是获取空间三维信息的新技术手段，具有无需直接接触被测量目标、扫描速度快、点位分布均匀、信息丰富准确的特点。综合运用各种技术手段对建筑及其周边环境进行可见物体表面扫描，获取大量高精度三维坐标，将建筑现状实际的空间信息快速转换成电子三维数据，提高了工作的广度、深度和效率。三维激光扫描技术能够弥补传统手工测量的局限性，而且不受白天黑夜的限制，且非接触的测量方式能够尽可能减少对建筑遗产本体的扰动。

使用三维激光扫描仪进行扫描，可以获取大量的点数据，即“点云”。点云是由带有三维坐标和颜色属性的点组成的，是一种类影像的向量数据。点云在经过模型化的处理后，可以在点云中直接进行空间数据的测量，辅助绘制图纸；也可以应用点云数据建立三维模型，生成带有真实纹理的面模型和正射影像图，并可进一步对其进行处理和分析计算。

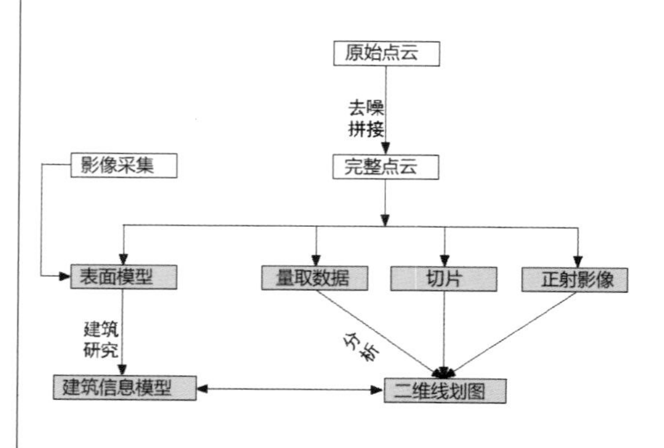

图120　三维激光扫描仪工作流程

一、技术路线

测量工作中运用全站仪、三维激光扫描等技术和手段，遵循“先控制，后碎部；从整体，到局部”的测量工作原则，在测量区域内设置永久性或半永久性控制点，以保证测绘成果的质量。必要时用手工测量作为补充手段，保证信息采集的完整性。利用点云处理软件对点云进行处理并建模。

二、准备工作

在三维激光扫描作业前，曾进行过多次现场踏勘。在踏勘过程中，结合图纸和现场情况确定全站仪控制点位置，根据石舫的建筑空间和布局确定扫描站点的位置，制定全站仪控制方案和三维激光扫描方案。

三、现场工作

石舫的测绘，利用全站仪布设的控制网，主要采用非接触式的三维激光扫描技术。三维激光扫描仪采用自由设站的扫描方式，在Cyclone软件中将所有数据转换到与控制网相同的坐标系上。需要确保各站点的相互补充性和全面覆盖性。在每个扫描站点上，需要扫描至少三个拼接点标靶，并确保扫描仪和标靶的通视，然后利用全站仪测量各标靶坐标，即可利用软件将扫描数据转换到与控制网相同的坐标系上。扫描站点与站点之间的拼接点以五个为宜，尽量形成最优三角形或多边形，且位于扫描范围的外侧，以形成包围之势，在保证标靶识别精度的前提下，尽量选择远距拼接点（图120）。

四、数据处理利用及成果制作

1. 数据的处理

①导入数据：扫描仪与电脑连接后，获得的多个站点的点云数据可导入电脑中储存，将数据按不同扫描时间和扫描位置归于文件夹中。在Cyclone软件环境下导入点云数据。

②拼接站点：先分别将各个站点中设置的标靶识别出并编号；利用站与站之间的公共标靶点，将两站或多站拼接成一个整体。

③统一坐标系：利用全站仪控制点得到标靶点的三维坐标数据，将拼接好的多个点云数据转化至统一的坐标系中。

④简单去噪：将点云分层（Layer），利用点云数据的不同层进行简单的去噪。

⑤数据储存：处理好的点云数据，统一储存于Cyclone的界面下，可以根据需要进行进一步的利用处理。

⑥数据利用：在Cyclone中，将处理好的点云进行切片，可得到较小文件量的数据，从而可以导入Geomagic软件中进行精细去噪和三维重建，最终可得到Mesh面模型。另外，切片所得的点云，在Geomagic Studio 12中进行着色、封装，并进一步进行去噪等处理，可以生成正射影像图，并导出带有网格的正射影像图。

2.点云数据与二维图纸

在AutoCAD 2012软件中导入正射影像图（详细图纸篇），按图像中的尺寸进行适当缩放，通过结合点云测量数据，与手工测量测绘图进行比对，修改手工测量测绘图，与手工测量相互补充。

第二节　石舫的BIM模型与信息管理

一、BIM简介

建筑信息模型（BIM）是以三维数字技术为基础，集成了建筑工程项目中各种相关信息的工程数据模型。BIM图元不再是传统CAD中点、线、面等简单的几何对象，而是用信息化的建筑组件表示真实世界中的建筑构件。建筑内部各个单元、部分、系统及相互间的约束和参照关系都能体现出来，并能方便检索、提取和管理各类信息，亦可用来展示和管理整个建筑生命周期，包括建造及使用过程，实现“建筑生命周期管理（BLM）”。国内外关于遗产保护的理论和准则都指出，作为保存遗产实物遗存及其历史环境的全部活动，遗产保护包括资源调查、研究评估、制定名录、记录建档、编制规划、实施干预、监测维护、宣传展示等诸多环节。其中，评估、勘察、干预和监测维护，又形成一个“保护循环圈（Conservation Cycle）。遗产的档案记录工作则应贯穿循环圈始终，循环圈上每一环节都应向下一环节顺畅地传递信息，因而，实现宏观上统一、有序、有效和规范的信息管理势在必行。综观整体保护流程，不难看出，对遗产实施保护，是一种典型的“建筑生命周期”管理行为，BIM/BLM技术与遗产保护需求实际上高度契合，以此为基础，完全可以提供一个很好的信息管理方案。BIM在建筑遗产中的应用研究刚刚起步，本项目的应用只是尝试中的阶段性成果。

本项目中，BIM软件选用Autodesk RevitArchitecture 2010（以下简称Revit）。Revit建模与传统三维建模软件有很大区别。传统软件只是“塑形”，即建立可视化的几何模型；而Revit除“塑形”外，还要“修心”，就是将几何属性之外的其他属性（如材质、表面纹理、年代、力学性能、病害、造价、参照与约束关系等信息）与几何模型“封装”在一起，并有序地组织起来，形成强大的工程数据库。换言之，传统软件的图元是点、线、面、体等“没心没肺”的几何体，而Revit图元则是“有形”“有心”，形神兼备的仿真建筑构件。

Revit的族编辑器好比构件加工厂，所有石构件在这里按形态尺寸进行分类“加工”，包括：定义其几何参数（“塑形”）和设定需要记录的非几何属性　（“修心”）。加工好的构件即“族”，可以“运往工地”，也就是加载到项目编辑器中，按建筑内在“秩序”，即一定的约束和参照关系一一“组装”，同时为每一构件的属性赋值，信息模型就创建完成了。

Revit根据形态、功能和约束条件等特征，将图元规划为不同的“族”（family），并可进一步定义多种“类型”（type）。根据需要，每种类型可以具有不同的尺寸、形状、材质或其他参数变量。可见，对BIM模型来说，对建筑各种构、部件的“族”的规划至关重要。

二、族的规划思想

分类是人类日常生活作业的一部分，在《汉典》中的解释是“按照种类、等级或性质分别归类；按事物的性质划分类别”。随着社会的不断发展和人类文学语言的进步，出现了许多运用类型区分法解决本学科研究内容之间区别的学术研究学科。竹内敏雄在《艺术理论》中提到：“类型是我们比较许多不同的个体，抓住在它们之间以普遍发现的共同的根本形式，按照固定不变的本质的各种特征把它们全部作为一个整体来概括；同时，在另一方面，把这种超个体的、同形的统一的存在与那些属于同一层次的其他的统一的存在相比较，抓住只有它自己固有的、别的任何地方均看不到的特殊形象，把这一整体按照它的特殊性区别于其他的整体时，在这二者的关系中形成的概念。”

在考古学中，通过科学的发掘和广泛的调查，会发现某些特定类型的器物和某种特定类型的墓葬或遗址有着一定的共存关系。追踪这种特定条件下的共存关系，通过纵向和横向的器物组合和类型比较，大多数器物的形态变化是有轨迹可寻的，类型学就是寻找这种轨迹的科学。类型学是考古学理论的基本内容之一，是受生物分类学的启发而产生的，主要用来研究遗迹和遗物的形态变化过程，找出其先后演变规律，从而结合地层学判断年代，确定遗存的文化性质，分析生产和生活状况以及社会关系、精神活动等，大量用于研究陶器、瓷器等使用周期短、变化较明显的器物。类型学是对收集到的实物资料进行科学归纳和分析的研究和方法论。通过对考古遗存形态的排比来探求其变化规律、逻辑发展序列和相互关系，凡是具有一定的形态并且延续了一定时间的考古遗存，都可以进行类型学研究。

类型学中的“类”是一个较大的概念，具体的一类还可细分出许多子目种类，而更为细微的是根据不同形态和形制进行排队比较。比如，在一个新石器时代遗址出土的陶器中，器类有鼎、盆、罐、钵等。“型”应该是指具体器物的造型，是这些具体类中各种造型的细分，同一类器中有许多不同的形态，如鼎有罐形、盆形、釜形等，根据实际情况可分为A型、B型、C型……每型鼎在各地层中又出现不同的形态，表明了这型器物因前后变化所形成的差别，可根据一定的标准分为Ⅰ式Ⅱ式、Ⅲ式……

另外，在类型学中还有一种较大的特殊的分类法——分组合法。在整理研究某一调查发掘的遗址或某一文化等资料时，在分型或分式之后，面对数量很大的个体单位，为了进行比较，从而确立相互之间的时代关系时，多用分组合的方法来解决这一问题。

考古研究中的类型学方法是十分周密的类、型、式的递级变化，侧重于外观形态的差异和变化，注重变化中量的积累达到的质的变化，从而确定其区别。在针对其他类似的具体资料的整理时，分型、分式的方法可以应用其中。

三、族的规划

Revit软件中提供有楼板、墙、天花板、屋顶、图纸、视口和其他图元的系统族。然而软件主要针对的是现代建筑设计，古建筑的构件与现代建筑的区别是比较大的，许多构件无法利用系统族，需要自行定义。Revit模型的构建过程可以简单理解为在加工厂（族编辑器）进行构件加工，在施工现场（项目编辑器）进行组装，但构件包含提前定义的信息属性，且构件之间有着相互的约束参照关系和层位关系。因对所需要的族进行规划和分类是十分必要的，而Revit中的类别、族、类型的分类方式与类型学中的类、型、式是基本一致的，因此借鉴符合逻辑的、科学的类型学方法并结合BIM软件Revit自身的特点对族进行规划。

根据各个构件的功能不同，将构件划分成不同的“类别”；根据每个构件的形态、信息内核、约束参照关系及层位关系的不同，继续划分出不同的“族”；每个族中的尺寸、材质等的不同，又可进一步定义多种“类型”。

1.类别

按照中国古代建筑的营造划分“类别”，分别是柱类、梁类、枋类、桁檩类、椽类、瓦口类、板类、斗拱类、板门类、隔扇类、窗类、栏杆类、楣子类、花罩类、天花藻井类、台基类、墙类、屋面类、其他类等19类。

2.族

同一类别中的构件，形态也会有许多种，如柱类，从其横截面来看，可以分为圆柱、方柱、异形柱等；从其立面造型来看，可以分为（圆）柱形柱、（圆）台形柱、梭形柱。另外，因柱子的收分、侧脚不同，也可分成不同的族。

3.类型

同一个族可以因为尺寸的不同，进一步划分为各种类型，仍然以柱为例，类别“柱类”中，有一个族为“圆柱”，项目中圆柱的柱直径有440毫米、500毫米等多个值，因此，“圆柱”族中有“圆柱—440”“圆柱—500”等类型。

四、族的属性

BIM模型中的对象由对象属性和可执行的操作两方面组成，因此构件的参数体现在行为参数和属性参数两方面，而构件的属性描述了该构件的具体特征。描述每个不同的族的属性有很多项，如尺寸（长、宽、高）、材质、位置、制造厂商、生产成本等；属性的值也有多种类型，可以是文字、整数、数字、长度、面积、体积、角度、材质、URL、是/否等。

在石舫Revit模型建立中，根据中国遗产建筑调查及保护的需求，确定模型中的构件属性共有25项（图121），这些属性都集成在每个不同的族中。具体来说，构件属性分属于空间信息/几何信息、属性信息、族属信息、扩展信息四项内容。

1.空间信息/几何信息

长、宽、高、厚、径是反映构件的基本几何信息，这五个数值也是中国古代建筑木构件权衡的主要比较参数，可以利用系统生成的构件明细表进行构件权衡的相关研究。三维坐标：可以确定构件的位置，反映构件之间的层位关系。

2.属性信息

①标记：即ID，是每一个构件在整个项目中独一无二的编号。

②构件名称、构件别名：是对于该构件的描述，仍用柱子举例说明，作为建筑中的一个构件，其构件名称为“柱子”，可因其所处的位置不同，可能是“檐柱”“金柱”等不同的名称，且同一位置的柱子，可能因地域或匠师流派不同而名称各异，因此设置构件别名，加以说明。

③构件类别：表明该构件所从属的类别，即上文中提到的19个类别。

④形制风格特征：暂时拟定以文字进行描述，这一属性的定义十分重要，尤其对于非官式做法的木构建筑构件，便于在族库中统一搜索查找，加以利用和研究。

⑤材料：不同的建筑构件，制作使用的材料也不同，如砖、石、木等，即使是木材，也有楸楠木、杉木、松木等多个木种。

⑥材料重复利用情况：有时会有使用旧料来新建建筑的情况，这种情况不在少数但又十分特别，需要注明构件原属建筑名称、部位等信息。

⑦年代：建筑及构件的所属年代，对于研究一个建筑的营建、改建历程等方面有十分重要的意义，需要注明。

⑧表面处理：是指构件表面所进行的处理工艺，如木构件的油饰、彩画等，甚至是彩画的种类、内容等。

⑨特殊痕迹：针对构件表面上后天增加的天然或人工的痕迹，例如题记、标注、刻痕、弹痕等，这些历史痕迹见证了建筑的存在。

⑩残损情况：古建筑历史悠久，多年的风吹日晒雨淋，使建筑中的构件逐渐残损，在对历史建

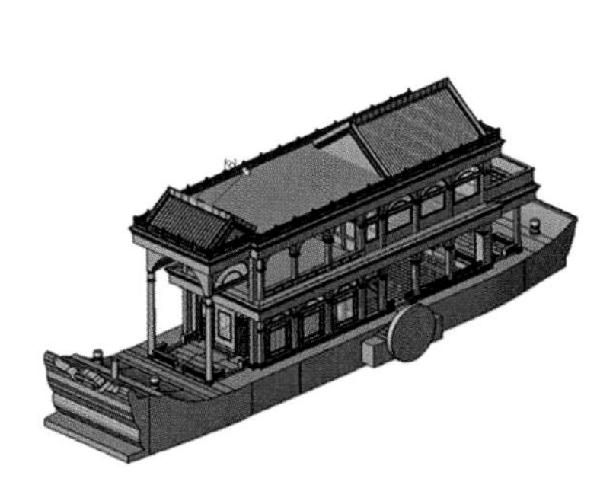

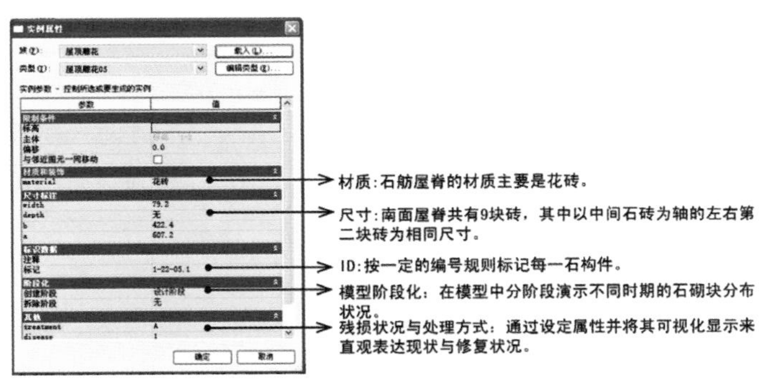

图121

筑进行考察评估时，需要记录其残损情况。

⑪保存状况分级、保存状况描述：不同的构件因其所处的位置不同、所承担的功能不同，其保存状况也不同，根据不同程度的保存状况分级记录；然而，一级、二级、三级、四级这样抽象的等级，并不能完全说清楚构件的保存状况，因此需要对保存状况进行详细描述。

⑫附属物：建筑构件上有时会有附属物，比如柱子上会有楹联，这是该构件不同于其他构件之处，具有实例特性，应对其进行记录。

⑬附属设施：在古建筑中，需要添加许多必需的现代设施，如防火设施等，应与历史建筑中的构件严格区分开，而且这些设施往往不是附属于某个单独的构件，而是一组构件或一系列构件，需要单独注明。

⑭干预记录：从建筑建成保存至今，多年时间里必然会进行多次修缮、改建等干预活动，这些人为的干预情况应该记录保存下来。

⑮检测取样点：采用现代的手段对历史建筑进行研究，其中就包括取样进行检测，比如可以检测木料的年代、木种等信息，然而取样位置、取样形式等都会在不同程度上影响检测的结果，因此应该记录检测取样点。

3.族属信息

来源：标明构件所属建筑名称，在利用族库内现有的族建模或进行学术研究时，可读取来源信息。

4.扩展信息

变形监测：在此次颐和园修缮中，设置了单体建筑变形监测点，会产生实时监测数据，在族属性中设置“变形监测”项可通过链接查看相关部位变形监测的数据结果。

扩展信息还可有其他多种形式和内容，比如相关建筑的CAD图、正射影像图、多角度照片、点云文件、视频、音频等，主要为链接形式，可根据实际需求进行添加和删减。Revit模型中的族有类型属性和实例属性两类，类型属性是同一类型所通用的属性；实例属性是会随着构件在建筑中或在项目中的位置变化而改变的属性。修改类型属性的值，类型下的所有实例的属性值均会一致改变，而修改实例属性的值，仅该实例的属性值会改变。例如，柱子的尺寸标注是它的类型属性，而其所在标高位置就是实例属性。实例属性和类型属性之间的区别虽小但十分重要，每一个对象都是族的一个类型，也是该类型的一个实例。类型属性影响在项目中该族的全部实例以及即将放置于此项目中的实例。类型属性的参数确定了一个类型全部实例所继承的共享值，并可以一次修改多个单独实例。相反的，实例属性影响已选择的目标实例，或是即将放置的所选实例。简而言之，类型属性是对类型的单独实例之间所有的共同内容进行定义，而实例属性是对实例与实例之间所有的不同内容进行定义。

因此，上述构件属性应明确区分为类型属性和实例属性，构件名称、构件别名、构件类别、长、宽、高、厚、径、形制风格特征均属于类型属性；标记、三维坐标、材料、材料重复利用情况、年代、来源、表面处理、特殊痕迹、残损情况、保存状况描述、保存状况分级、附属物、附属设施、干预记录、检测取样点、变形监测均属于实例属性。

在BIM信息模型中，建筑信息属性均能实现可视化表达，从而更加直观地显示出整个建筑中各个构件同一属性类别中的不同值。

五、阶段化的实现

在现代建筑设计中，许多项目（例如改造项目）是分阶段进行的，每个阶段都代表项目周期中的不同时间段。同样道理，文物建筑更是如此，一座文物建筑经历着设计阶段、施工阶段、建成阶段、改建阶段等多个阶段，上文也提到了建筑遗产的保护也有多个阶段，建筑总是会处于其生命周期的某一个阶段。在Revit中，可以追踪创建或拆除视图或图元的阶段。因此可以借助软件中的这一功能，创建可应用于视图的阶段和阶段过滤器，不同的阶段定义了项目在不同的工作阶段出现的方式，还可以使用阶段过滤器控制进入视图和明细表的BIM模型信息。Revit中的阶段属性有视图的阶段属性和图元的阶段属性两种，可以根据不同的需要进行选择。

对于整个石舫来说，根据历史研究和当前的需求，可以初步分成“乾隆朝建设”“光绪朝重建”“1986年修缮”“1999年修缮”“2013年修

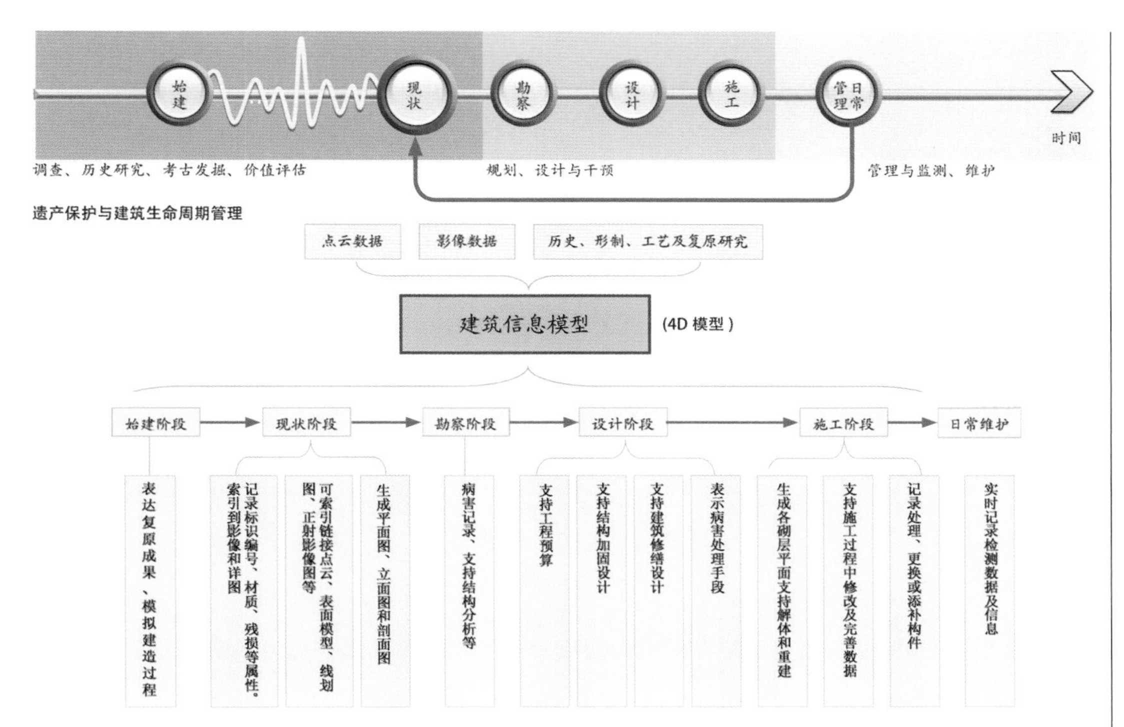

图122　石舫建筑信息可视化流程图

缮”这五个阶段，将建筑模型图元指定给相关特定的阶段，并对各个实例进行信息录入。通过阶段的调整，可以清晰和形象地看到石舫的设计方案变化和整体变迁，并且能读到不同阶段的不同信息及所涉及的文献资料。还可以进一步细分石舫的建造阶段，模拟施工过程，动态展示石舫的营建过程（图122）。

六、构件明细表

BIM模型可以像普通三维模型一样展示建筑的具体形象，但更为重要的是，BIM模型是建筑信息索引框架，这也是BIM模型与其他模型的最大区别。也就是说，以BIM模型为索引，可以读取其中包含的各类信息，其中就包括上文提到的族的属性，这些属性信息对于文物建筑的研究和保护都具有十分重要的意义和作用，因此，系统的整合信息、方便读取并利用信息就尤为重要了。

建筑BIM信息模型建成后，需要编制各个构件的属性明细表。在Revit中，明细表实际上也是一种视图，可以从项目模型中直接提取构件属性信息，并以表格形式显示出来，但信息必须包含在构件的属性中。属性明细表中的显示项和各项中的具体内容都可以进行修改和调整，且明细表中的属性值和模型是连动关系，即改动明细表，模型会做相应改变；改动模型或属性值，明细表中的数据亦会进行更新，这就十分有效地避免了模型和表格不一致的错误。

明细表是石舫信息的又一种展示方式，直观地呈现出上文提到的所有族的属性。

附录 Research

1.颐和园清晏舫修缮工程大事记

Restoration Project Milestones of the Qingyan Boat in Summer Palace

2.清晏舫图纸

Qingyan Boat Drawings

3.石舫等处陈设册

Inventory of the Furnishings of the Marble Boat and Other Places

4.光绪重修清晏舫工程清单

The Reconstruction Project list of Qingyan Boat in Guangxu Period

5.清晏舫老照片

Old Photos of Qingyan Boat

附录1：颐和园清晏舫修缮工程大事记

执笔人：朱颐

2011年

4月17日，组织工程可行性专家论证，论证专家为付清远、李永革、王立平。

7月25日，组织工程立项专家论证，论证专家为付清远、李永革、王立平、晋宏奎。

9月16日，《颐和园关于清晏舫修缮工程方案的请示》（颐园建文〔2011〕106号）报北京市文物局。

2012年

4月13日，收到国家文物局《关于颐和园清晏舫修缮工程方案的批复》（文物保函〔2012〕480号）。

4月23日，收到北京市文物局《关于颐和园清晏舫修缮工程方案的复函》（京文物〔2012〕440号）。

8月5日，组织工程设计方案专家论证，论证专家为付清远、李永革、王时伟。

8月12日，《颐和园关于清晏舫修缮工程方案核准的请示》（颐园建文〔2012〕63号）报北京市文物局。

8月13日，《颐和园关于清晏舫修缮工程（防雷部分）的请示》（颐园建文〔2012〕65号）报北京市文物局。

8月24日，收到北京市文物局《颐和园关于清晏舫修缮工程方案核准意见的复函》（京文物〔2012〕1149号）。

2013年

3月25日，收到国家文物局《颐和园关于清晏舫防雷工程设计方案的批复》（文物督函〔2013〕281号）。

3月27日，完成颐和园清晏舫修缮工程施工招标，中标单位为北京房修一建筑工程有限公司。

4月18日，颐和园清晏舫修缮工程办理北京市文物工程质量监督站工程质量监督注册登记（京文质字〔2013〕第021号）。

4月22日，收到北京市文物局《关于颐和园清晏舫防雷工程设计方案的复函》（京文物〔2013〕553号）。

5月9日，组织防雷方案专家论证，专家白丽娟、张克贵等参加。

5月23日，《颐和园关于清晏舫防雷工程方案核准的请示》（颐园建文〔2013〕49号）报北京市文物局。

6月6日，收到北京市文物局《关于颐和园清晏舫防雷工程方案核准意见的复函》（京文物〔2013〕831号）。

7月30日，颐和园清晏舫防雷工程办理北京市文物工程质量监督站工程质量监督注册登记（京文质字〔2013〕第111号）。

9月28日，颐和园清晏舫修缮工程完成建设、施工、设计、监理四方验收。

10月10日，颐和园清晏舫修缮工程完成北京市文物工程质量监督站竣工验收（京文质字〔2013〕第034号）。

10月25日，颐和园清晏舫防雷工程完成北京市气象局防雷装置验收（京雷验字〔2013〕第0107号）。

10月29日，颐和园清晏舫防雷工程完成北京市文物工程质量监督站竣工验收（[文物]2013-047号）。

附录2：清晏舫图纸

平面图

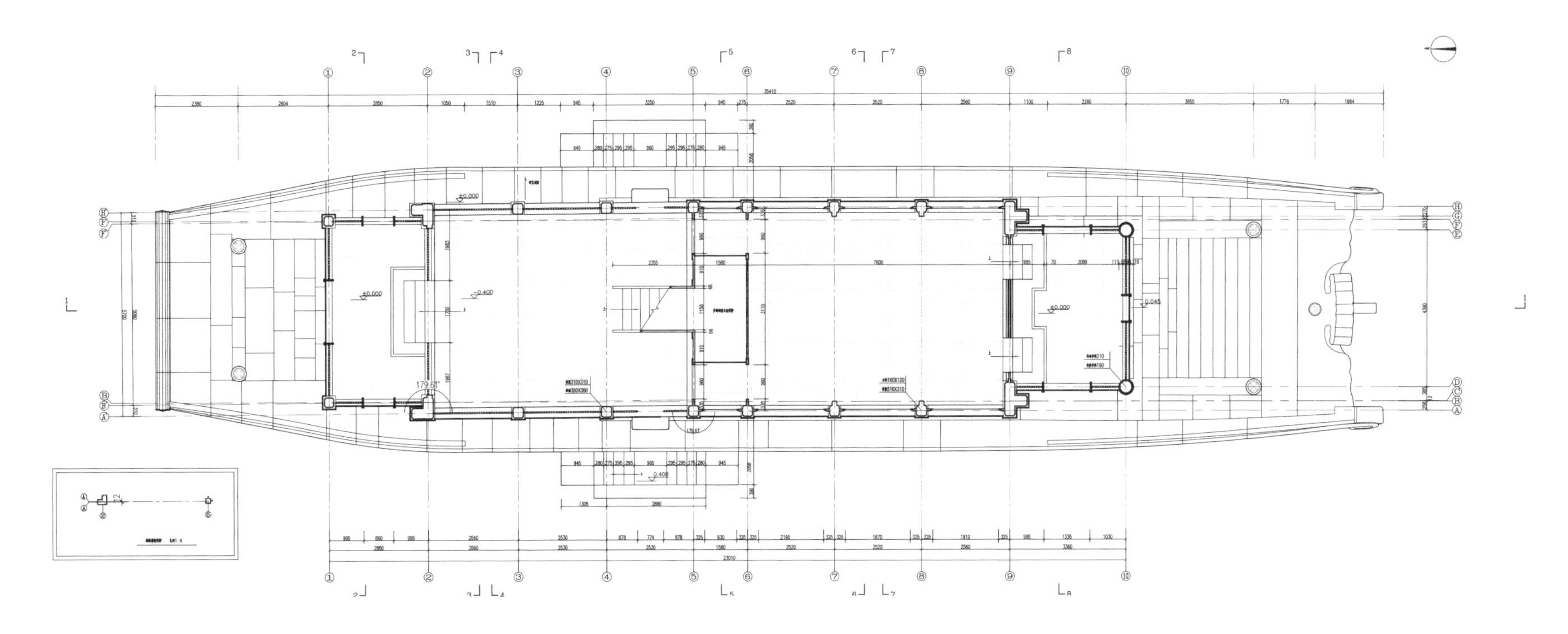

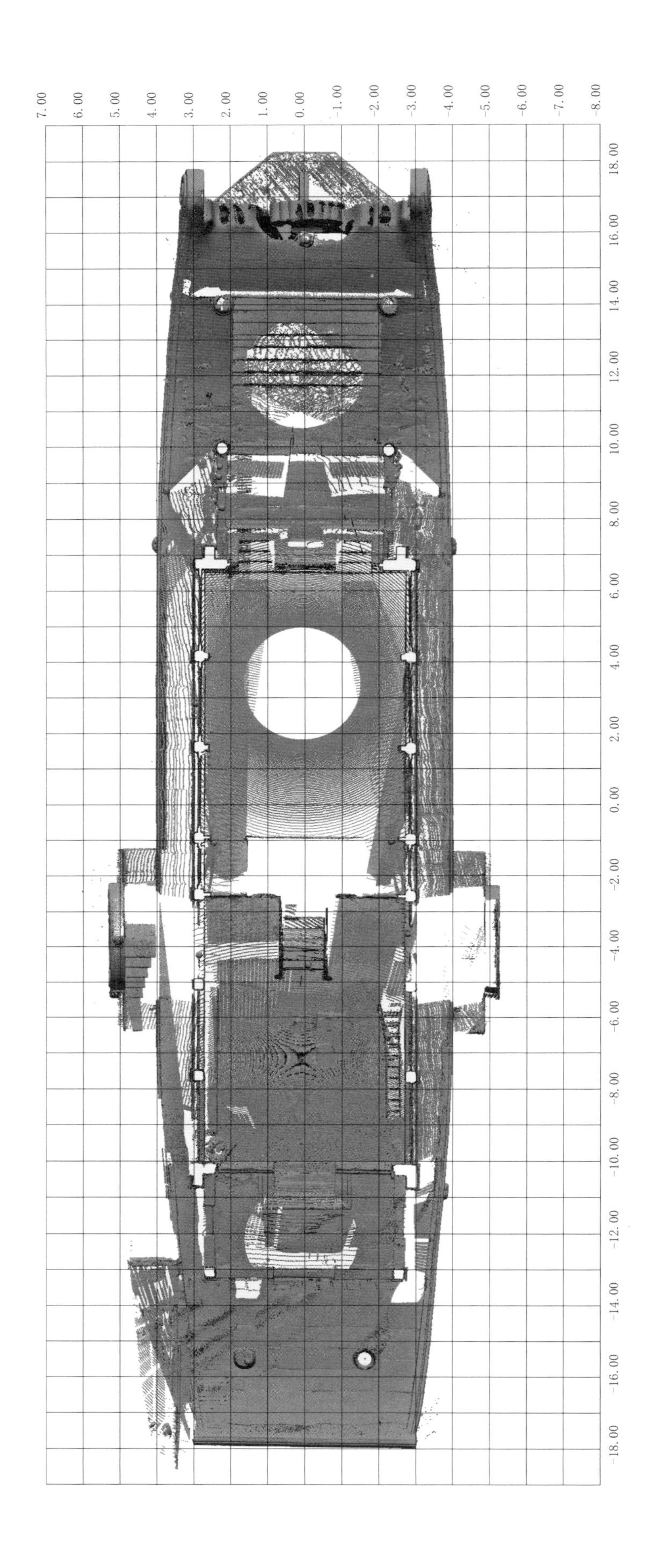
7.00
6.00
5.00
4.00
3.00
2.00
1.00
0.00
-1.00
-2.00
-3.00
-4.00
-5.00
-6.00
-7.00
-8.00
18.00
16.00
14.00
12.00
10.00
8.00
6.00
4.00
2.00
0.00
-2.00
-4.00
-6.00
-8.00
-10.00
-12.00
-14.00
-16.00
-18.00

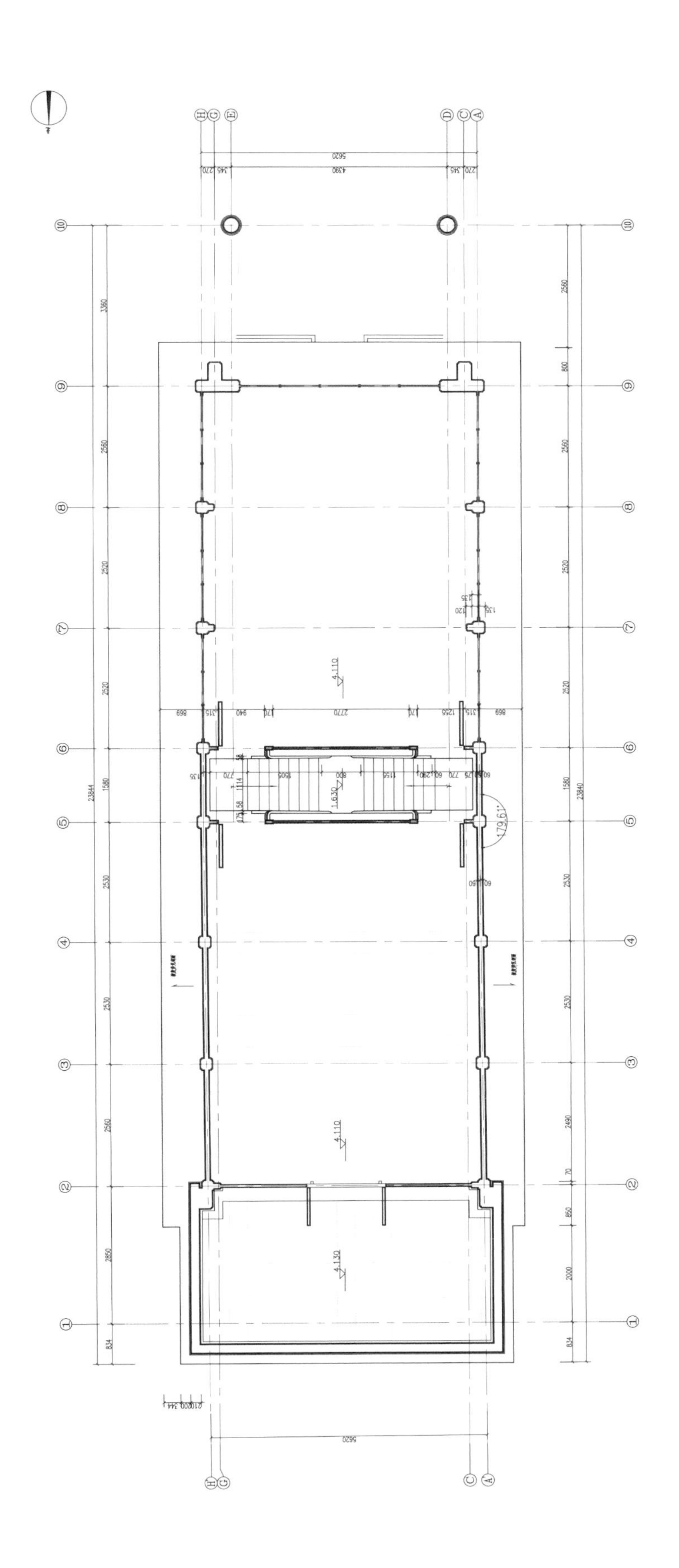

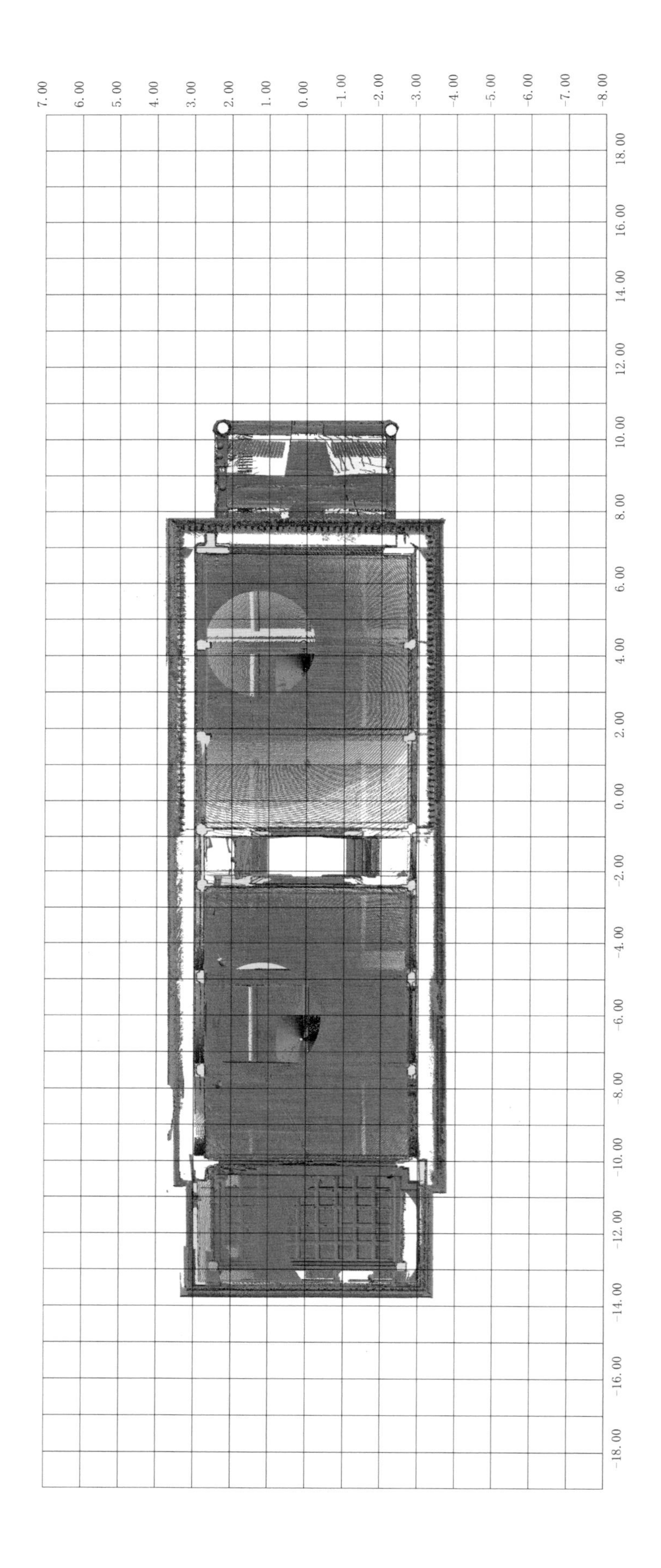
7.00
6.00
5.00
4.00
3.00
2.00
1.00
0.00
-1.00
-2.00
-3.00
-4.00
-5.00
-6.00
-7.00
-8.00
18.00
16.00
14.00
12.00
10.00
8.00
6.00
4.00
2.00
0.00
-2.00
-4.00
-6.00
-8.00
-10.00
-12.00
-14.00
-16.00
-18.00

立面图

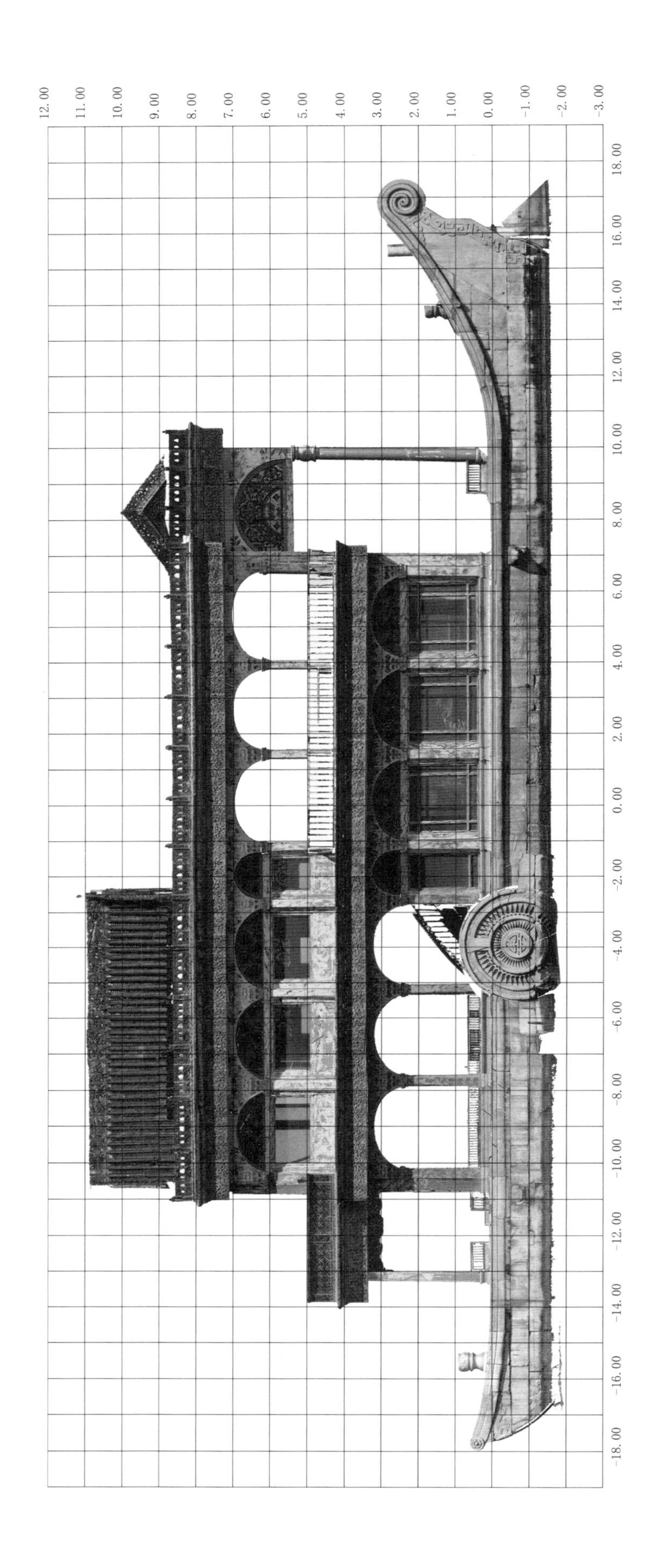
12.00
11.00
10.00
9.00
8.00
7.00
6.00
5.00
4.00
3.00
2.00
1.00
0.00
-1.00
-2.00
-3.00
18.00
16.00
14.00
12.00
10.00
8.00
6.00
4.00
2.00
0.00
-2.00
-4.00
-6.00
-8.00
-10.00
-12.00
-14.00
-16.00
-18.00

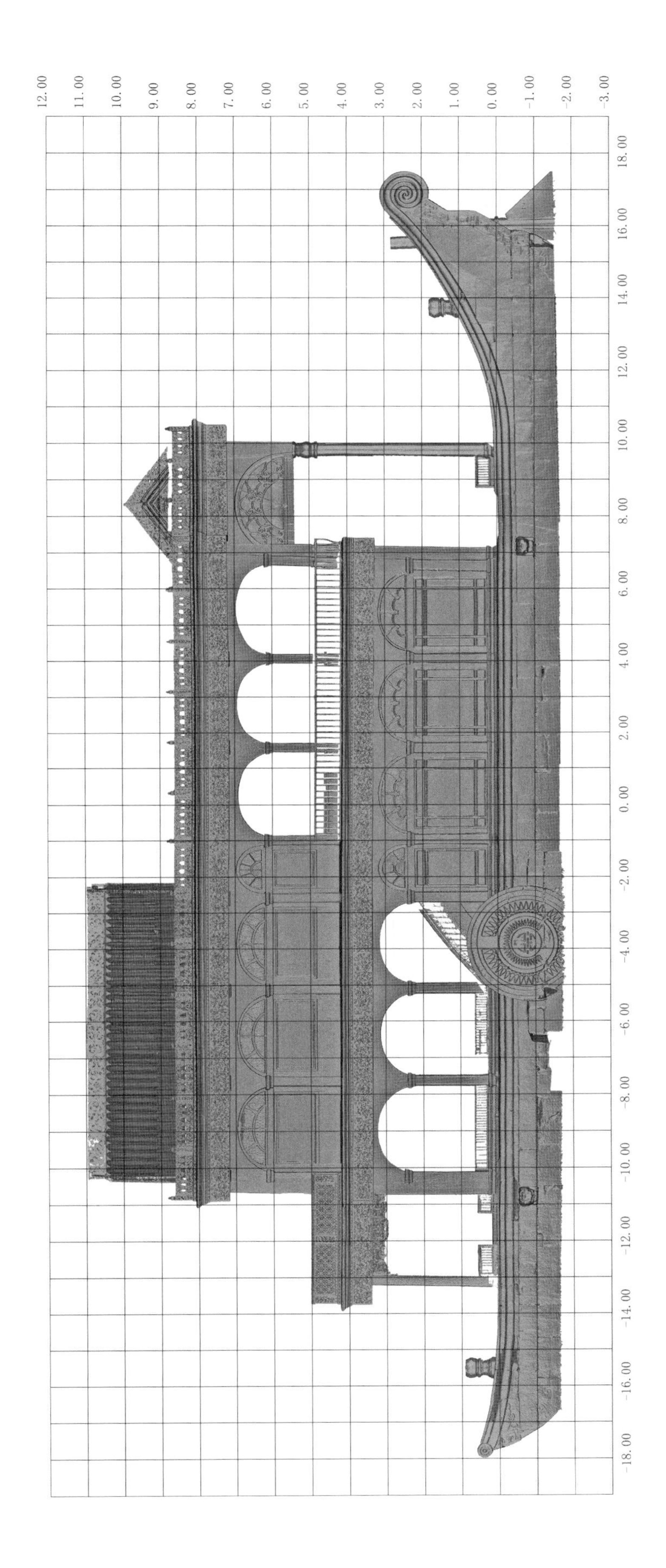
12.00
11.00
10.00
9.00
8.00
7.00
6.00
5.00
4.00
3.00
2.00
1.00
0.00
-1.00
-2.00
-3.00
18.00
16.00
14.00
12.00
10.00
8.00
6.00
4.00
2.00
0.00
-2.00
-4.00
-6.00
-8.00
-10.00
-12.00
-14.00
-16.00
-18.00

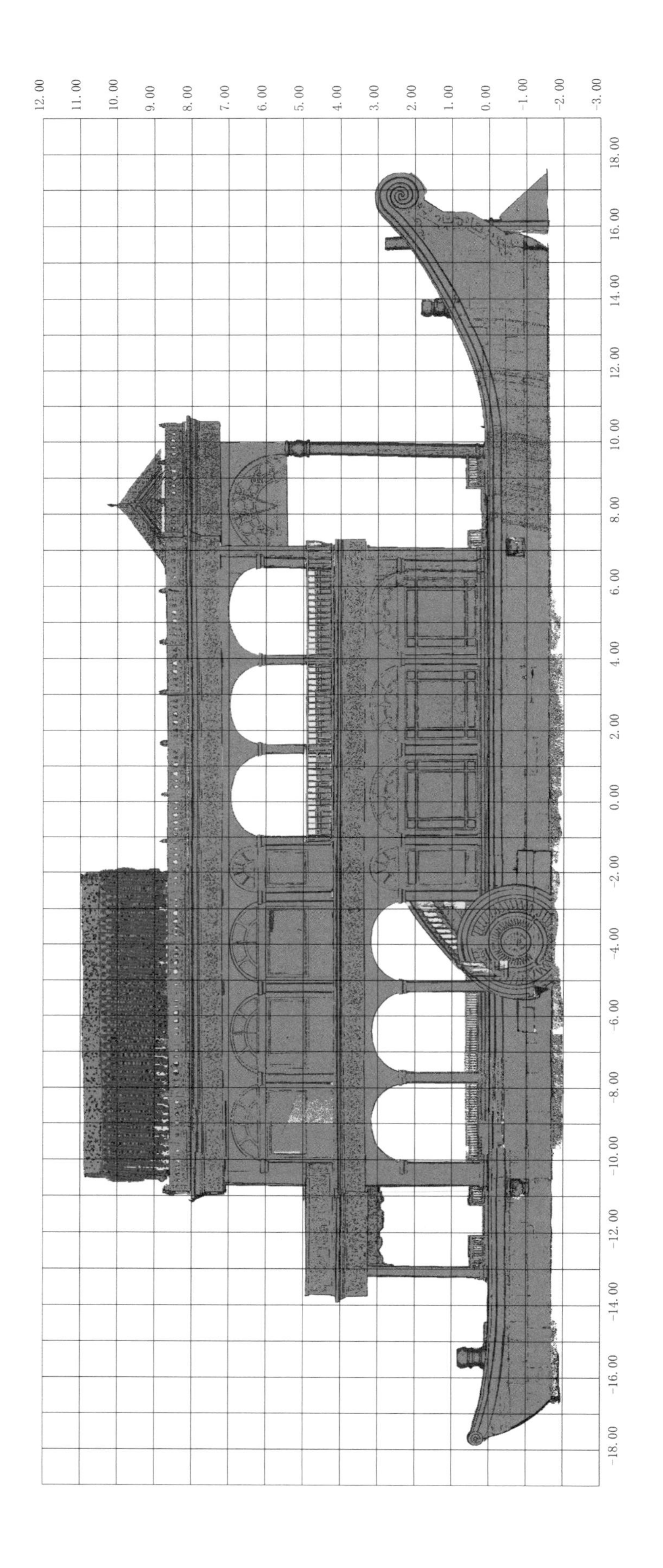

12.00
11.00
10.00
9.00
8.00
7.00
6.00
5.00
4.00
3.00
2.00
1.00
0.00
-1.00
-2.00
-3.00
18.00
16.00
14.00
12.00
10.00
8.00
6.00
4.00
2.00
0.00
-2.00
-4.00
-6.00
-8.00
-10.00
-12.00
-14.00
-16.00
-18.00

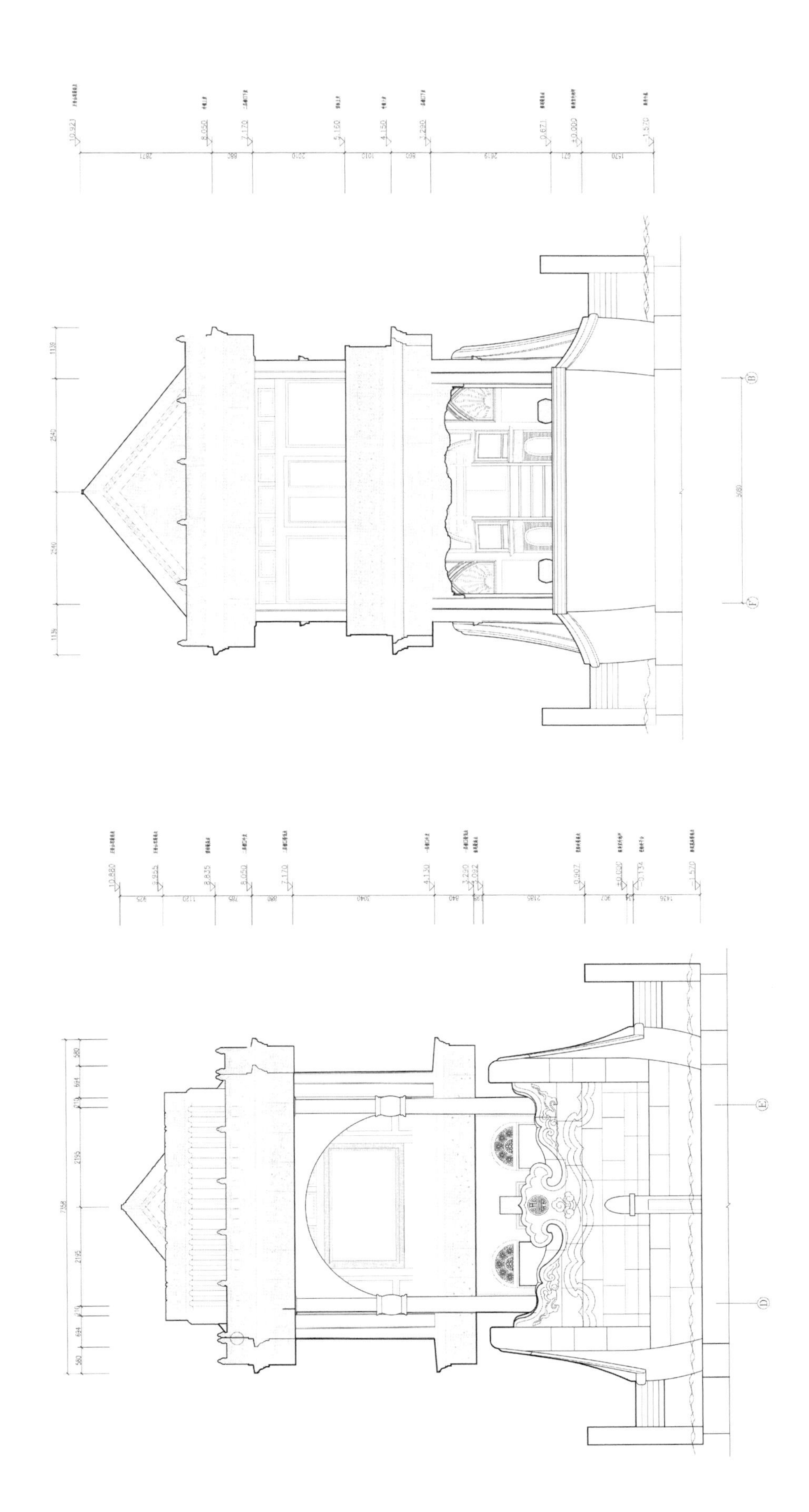

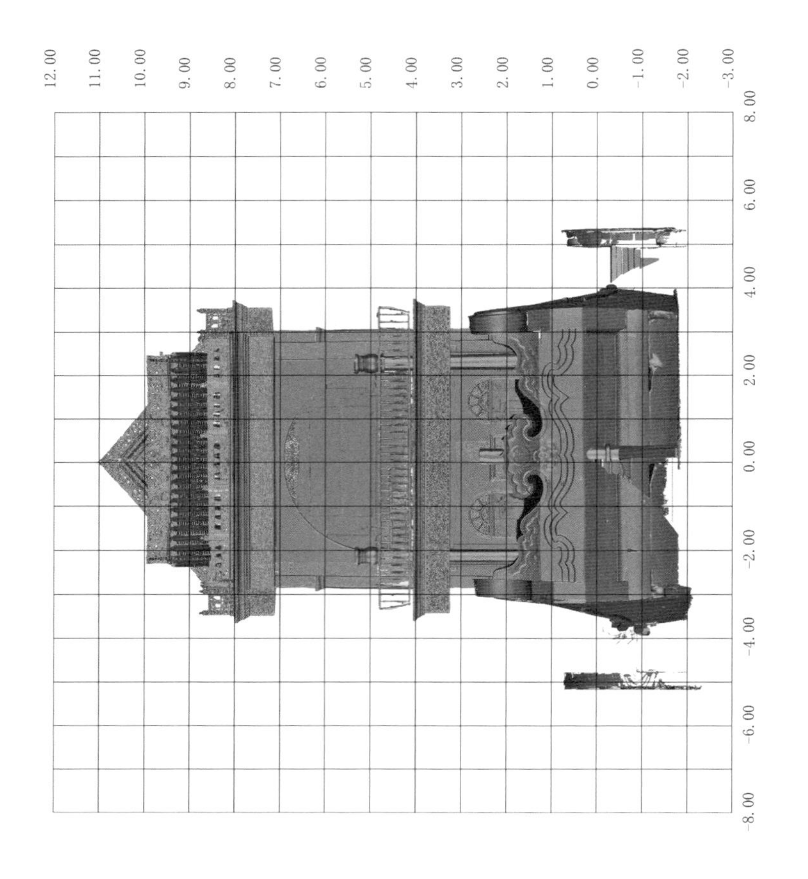
12.00
11.00
10.00
9.00
8.00
7.00
6.00
5.00
4.00
3.00
2.00
1.00
0.00
-1.00
-2.00
-3.00
8.00
6.00
4.00
2.00
0.00
-2.00
-4.00
-6.00
-8.00

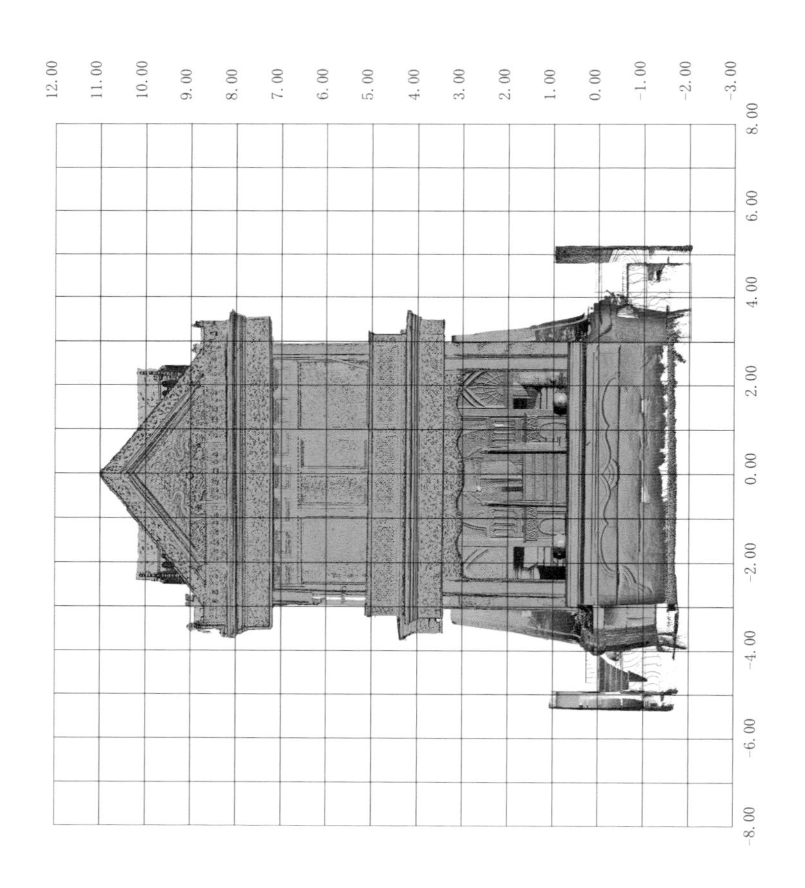
12.00
11.00
10.00
9.00
8.00
7.00
6.00
5.00
4.00
3.00
2.00
1.00
0.00
-1.00
-2.00
-3.00
8.00
6.00
4.00
2.00
0.00
-2.00
-4.00
-6.00
-8.00

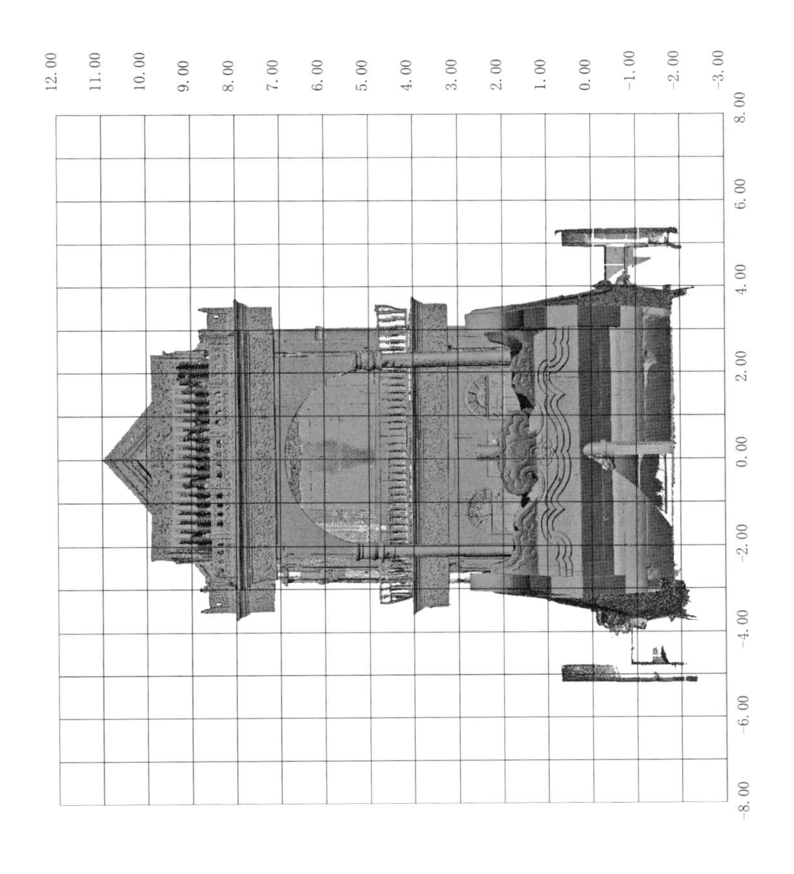
12.00
11.00
10.00
9.00
8.00
7.00
6.00
5.00
4.00
3.00
2.00
1.00
0.00
-1.00
-2.00
-3.00
8.00
6.00
4.00
2.00
0.00
-2.00
-4.00
-6.00
-8.00

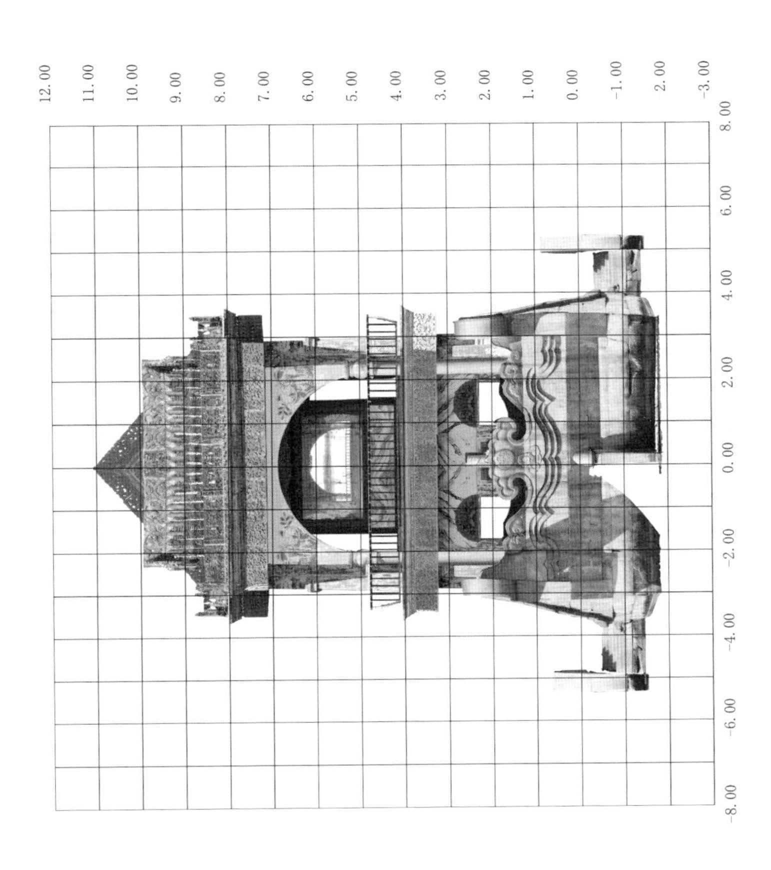
12.00
11.00
10.00
9.00
8.00
7.00
6.00
5.00
4.00
3.00
2.00
1.00
0.00
-1.00
2.00
-3.00
8.00
6.00
4.00
2.00
0.00
-2.00
-4.00
-6.00
-8.00

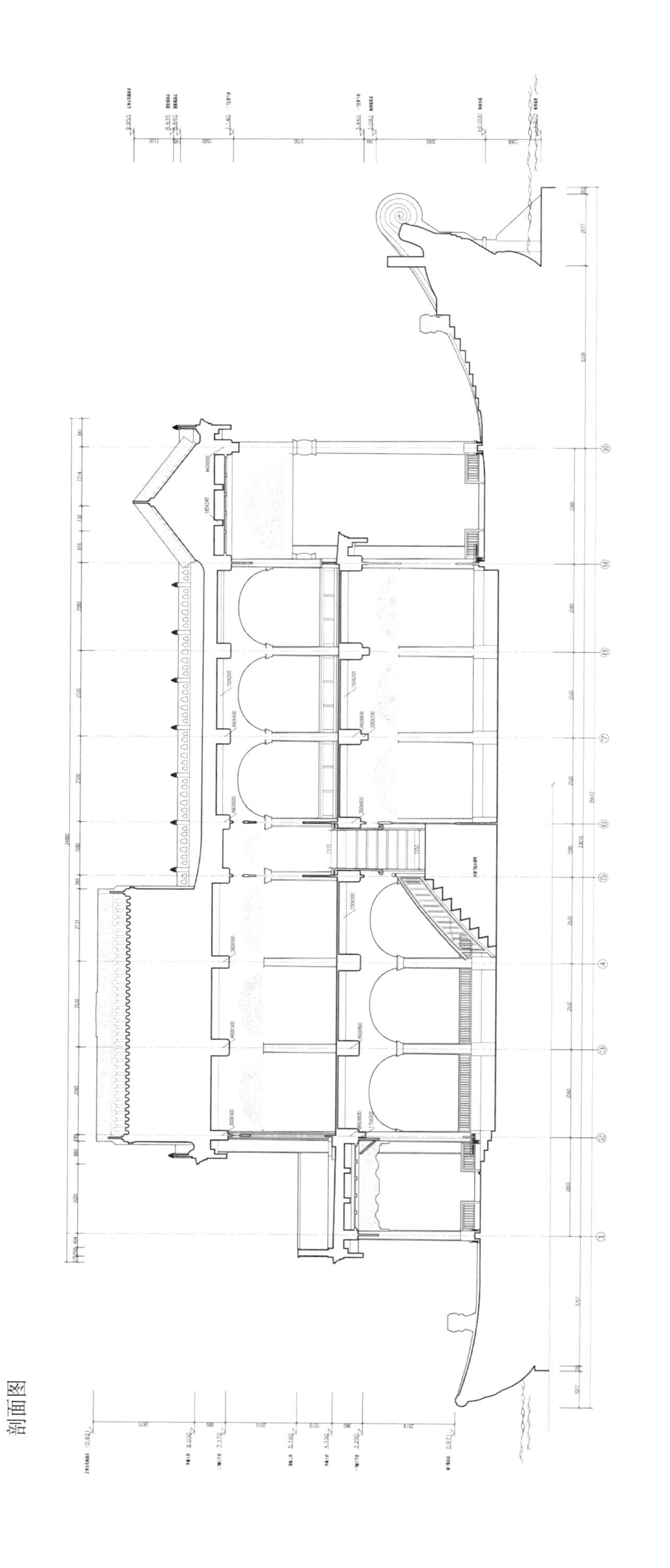

剖面图

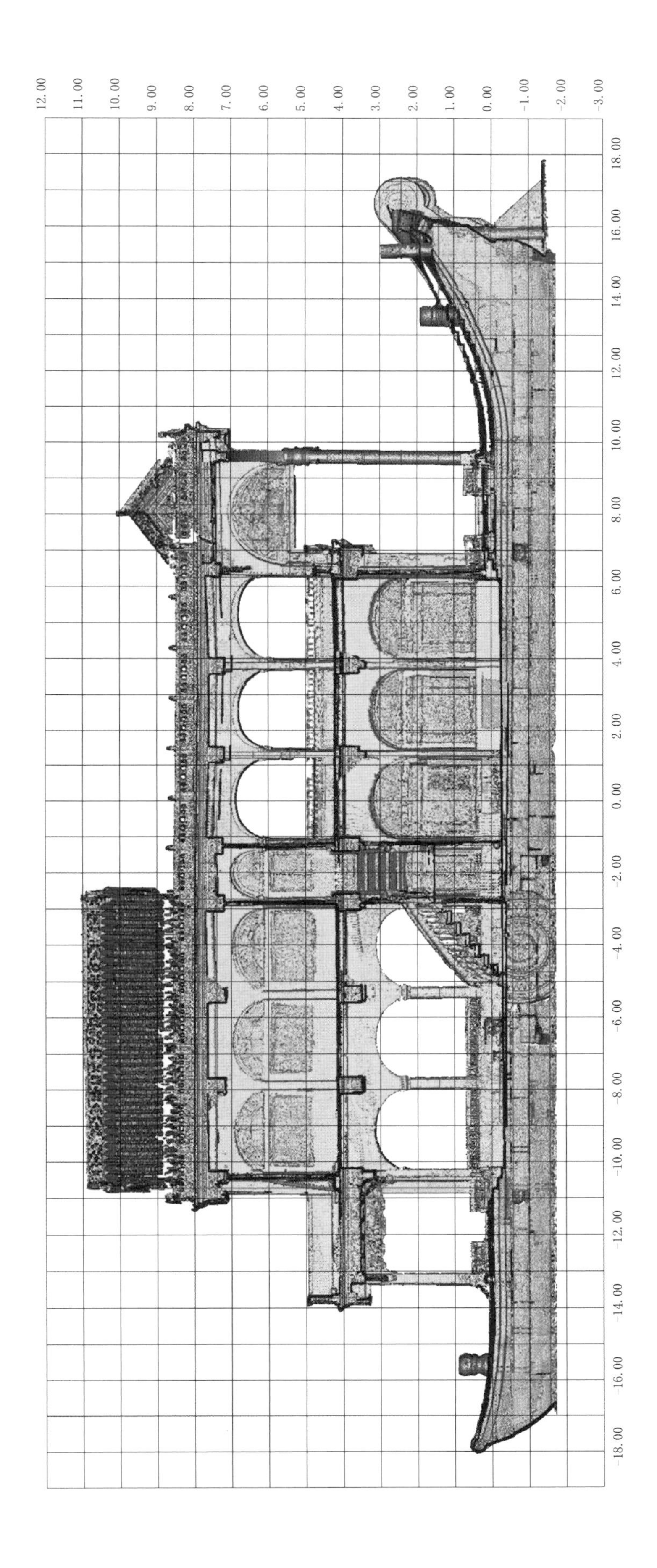
12.00
11.00
10.00
9.00
8.00
7.00
6.00
5.00
4.00
3.00
2.00
1.00
0.00
-1.00
-2.00
-3.00
18.00
16.00
14.00
12.00
10.00
8.00
6.00
4.00
2.00
0.00
-2.00
-4.00
-6.00
-8.00
-10.00
-12.00
-14.00
-16.00
-18.00

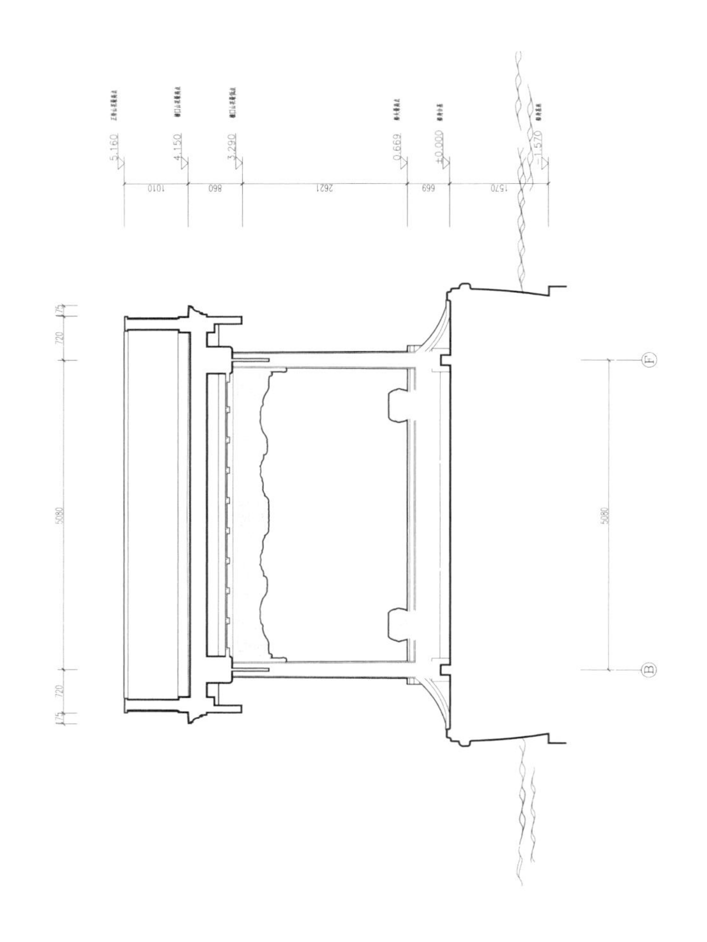

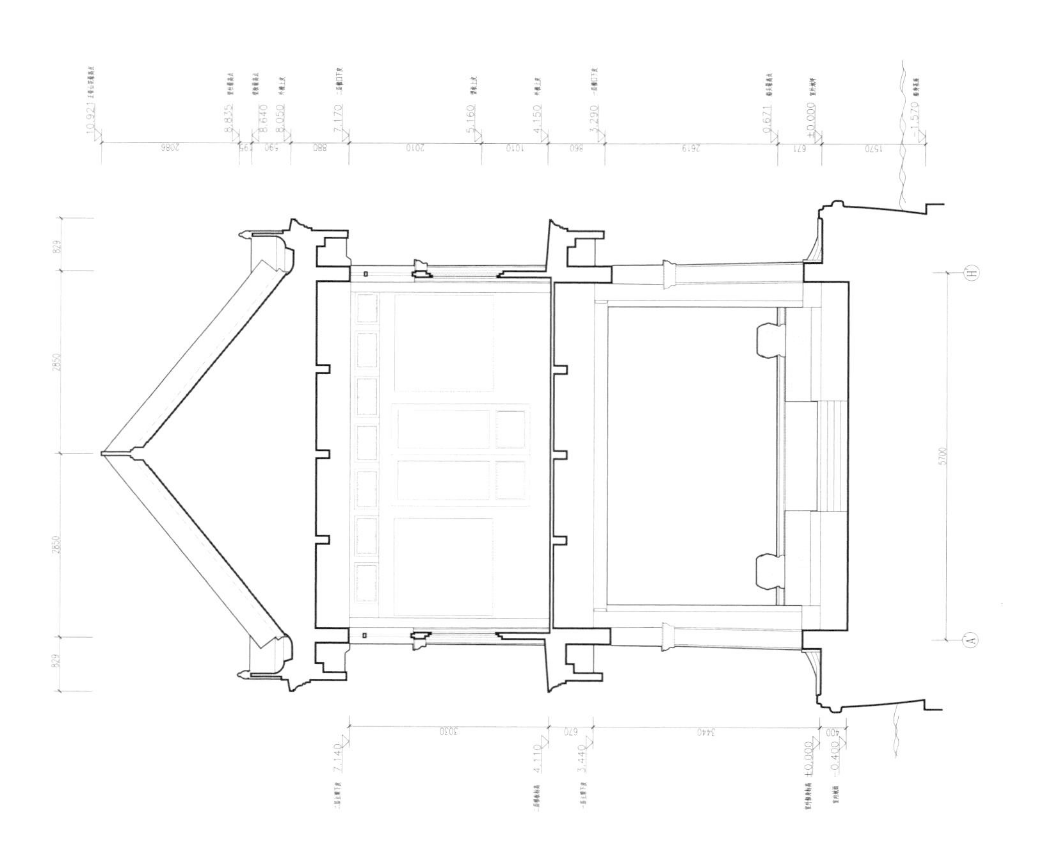

12.00
11.00
10.00
9.00
8.00
7.00
6.00
5.00
4.00
3.00
2.00
1.00
0.00
-1.00
-2.00
-3.00
-6.00
-4.00
-2.00
0.00
2.00
4.00
12.00
11.00
10.00
9.00
8.00
7.00
6.00
5.00
4.00
3.00
2.00
1.00
0.00
-1.00
-2.00
-3.00
-6.00
-4.00
-2.00
0.00
2.00
4.00

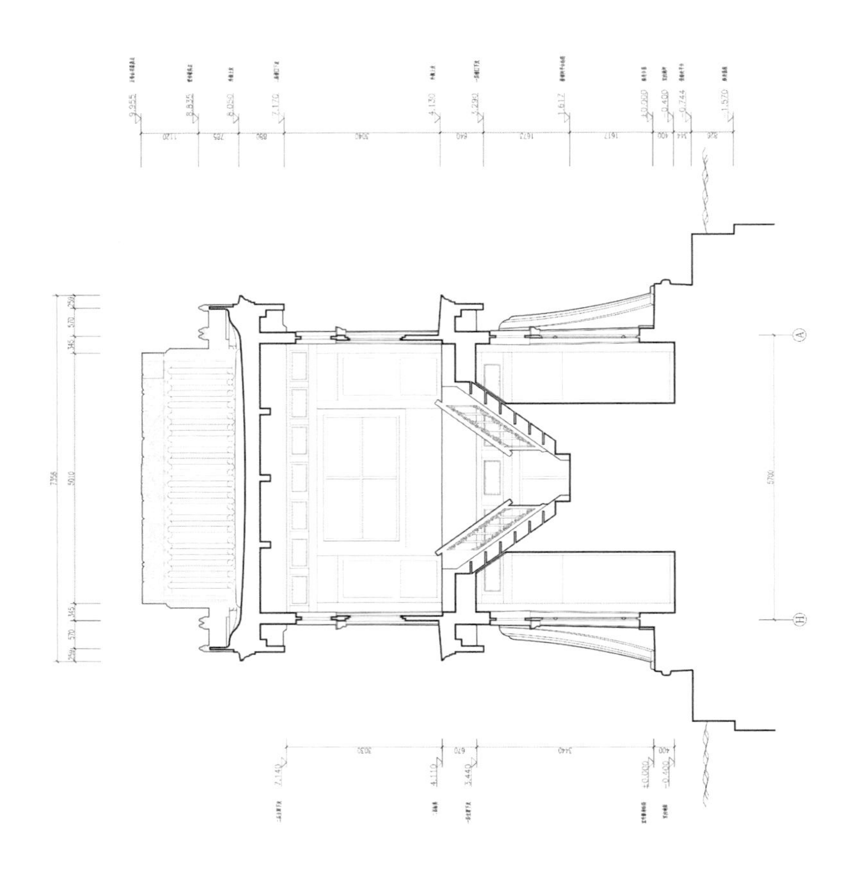

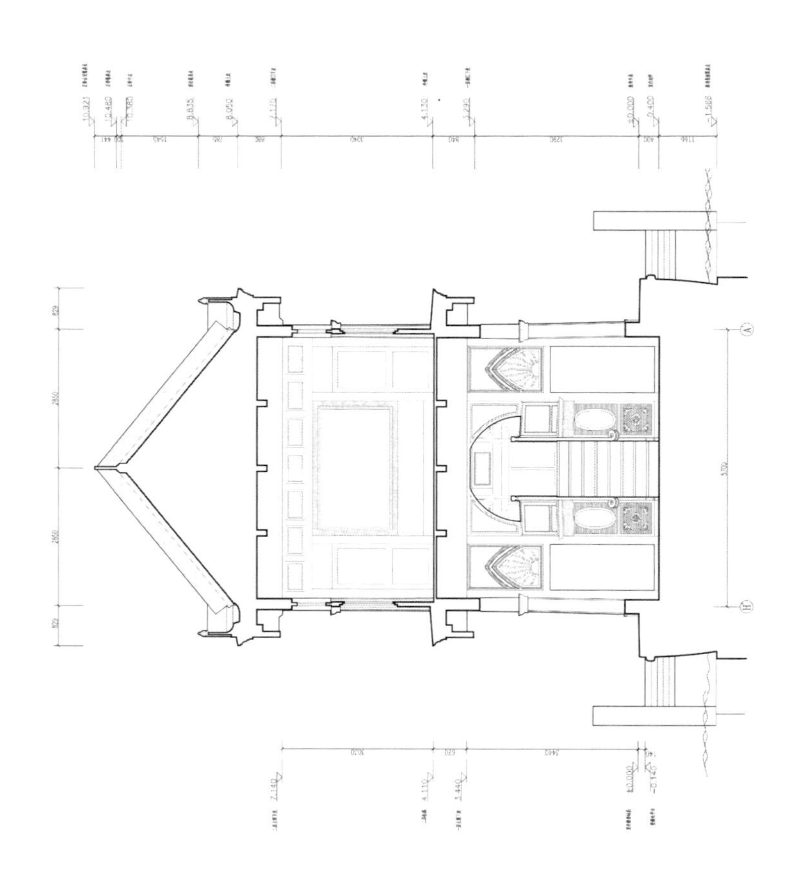

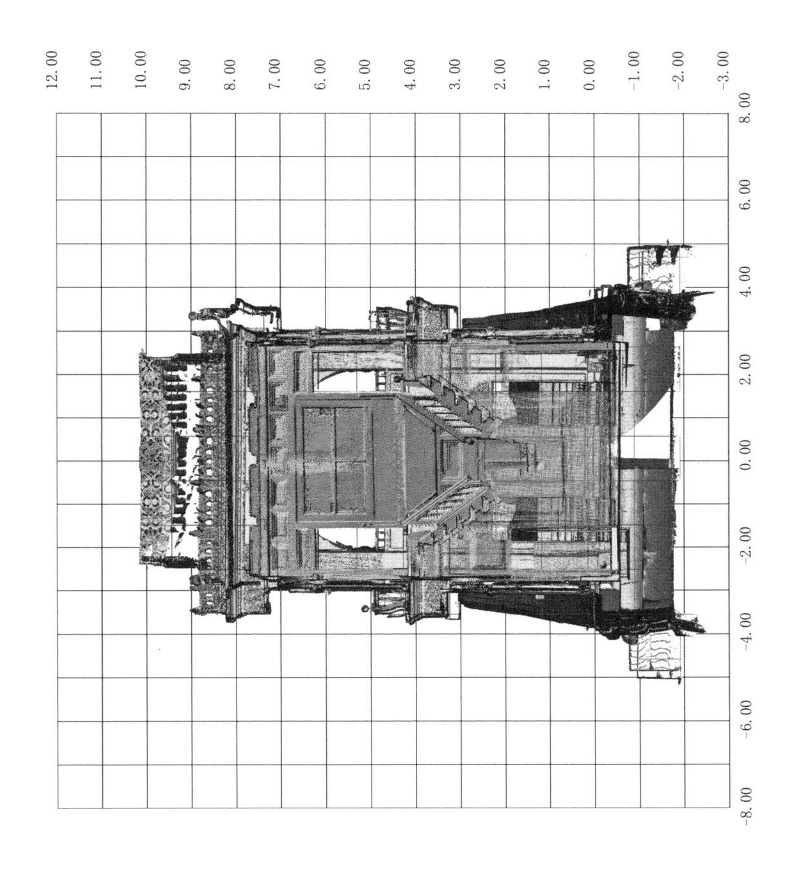
12.00
11.00
10.00
9.00
8.00
7.00
6.00
5.00
4.00
3.00
2.00
1.00
0.00
-1.00
-2.00
-3.00
8.00
6.00
4.00
2.00
0.00
-2.00
-4.00
-6.00
-8.00

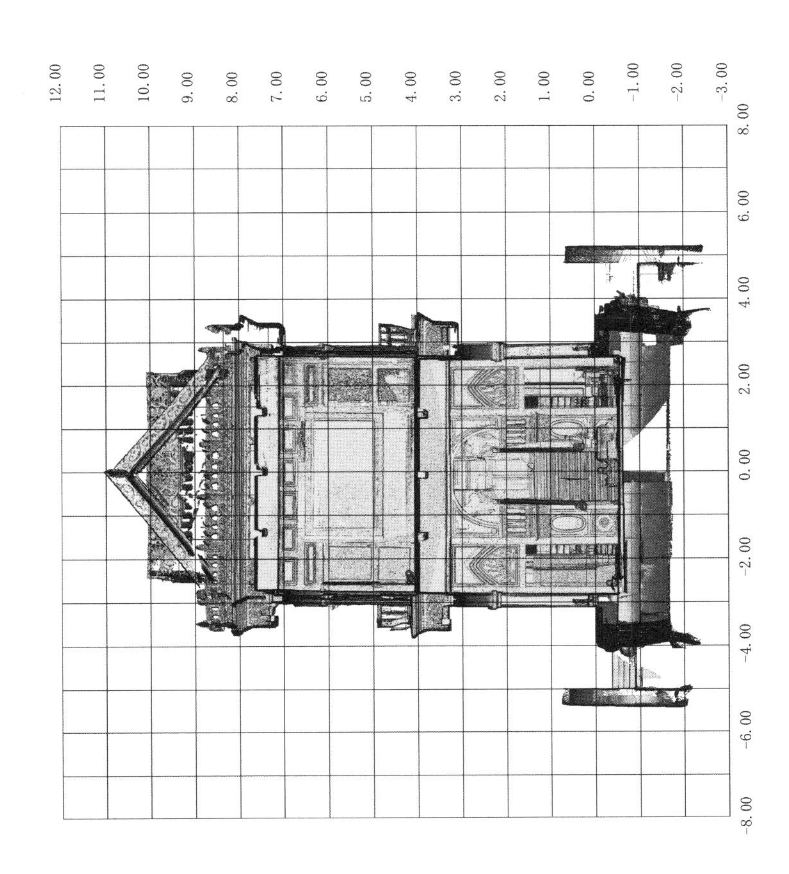
12.00
11.00
10.00
9.00
8.00
7.00
6.00
5.00
4.00
3.00
2.00
1.00
0.00
-1.00
-2.00
-3.00
8.00
6.00
4.00
2.00
0.00
-2.00
-4.00
-6.00
-8.00

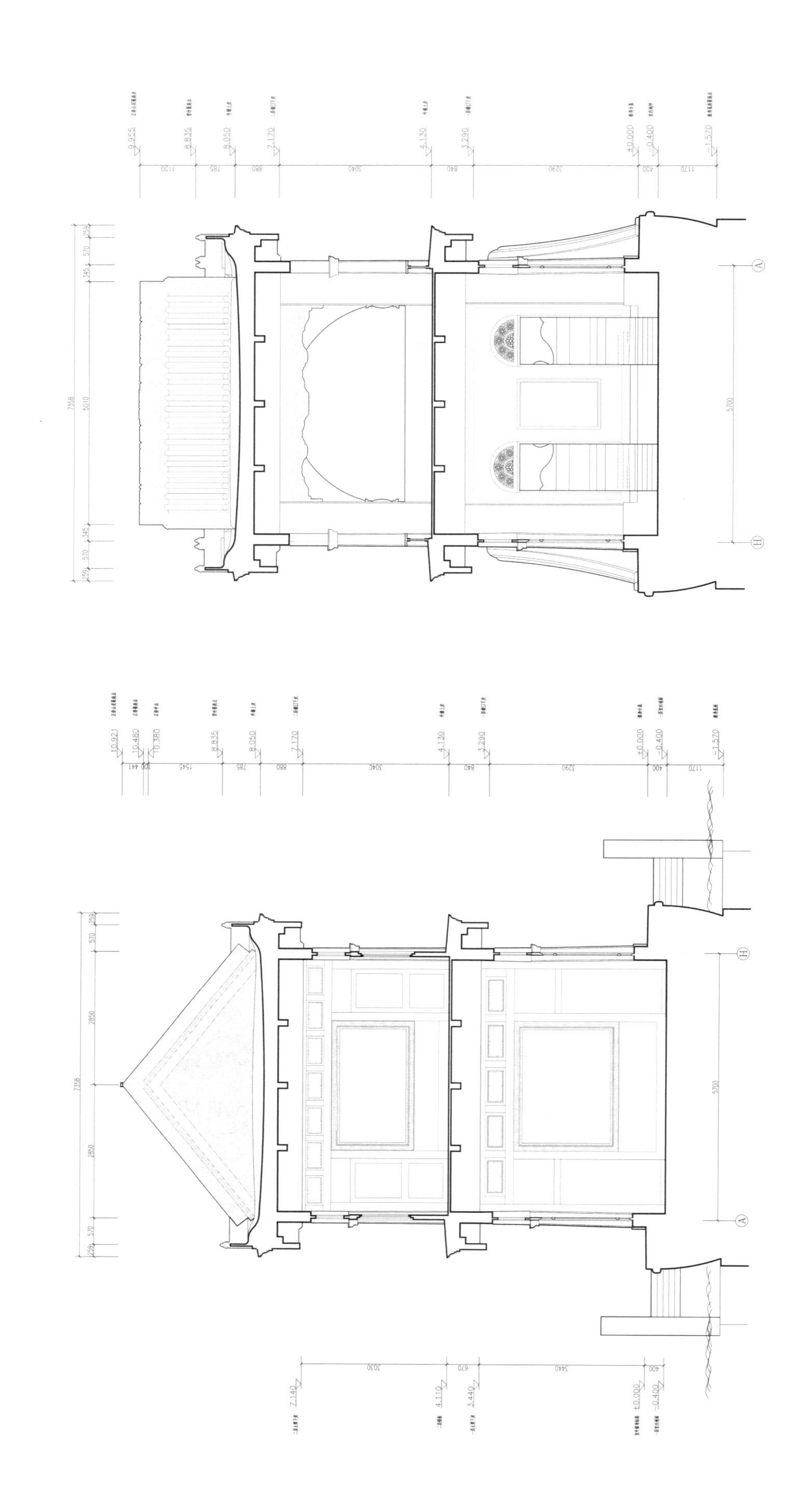

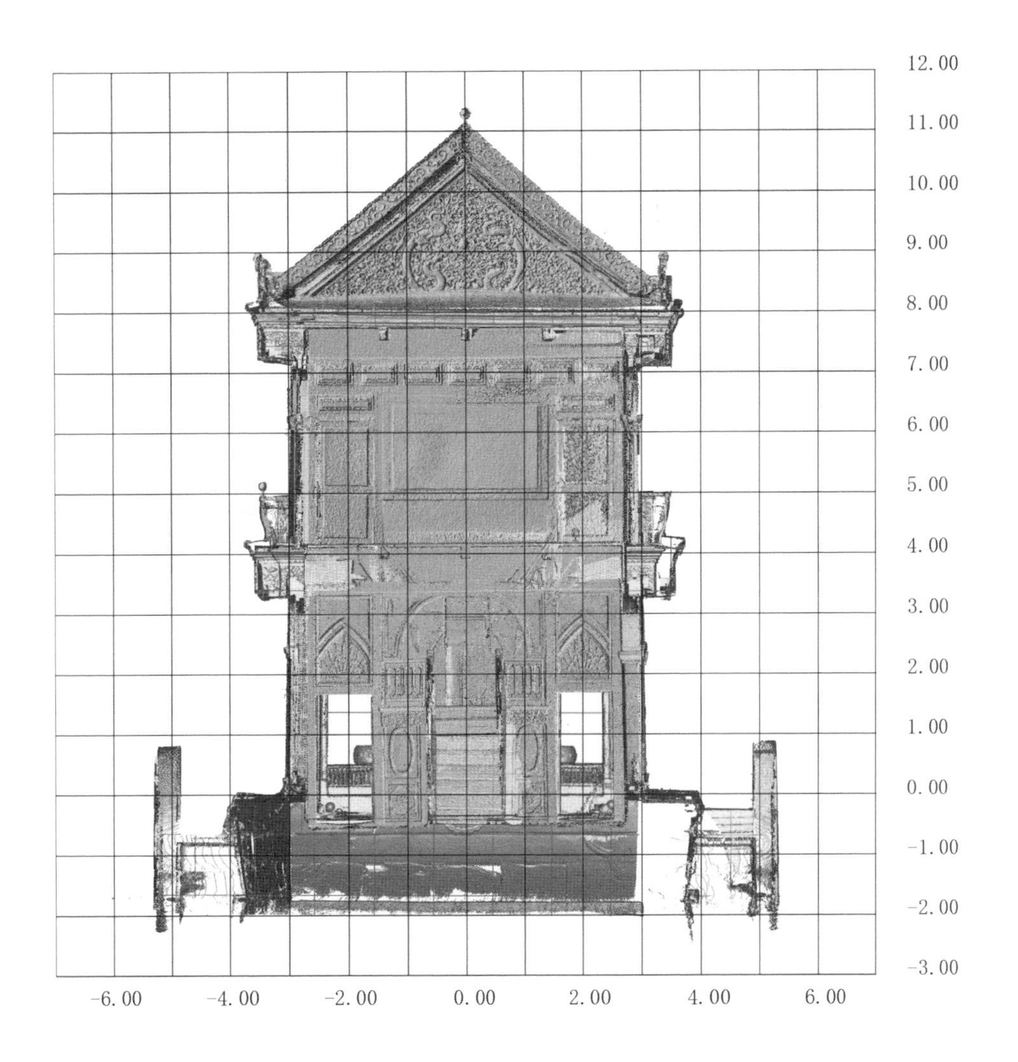
12.00
11.00
10.00
9.00
8.00
7.00
6.00
5.00
4.00
3.00
2.00
1.00
0.00
-1.00
-2.00
-3.00
-6.00
-4.00
-2.00
0.00
2.00
4.00
6.00

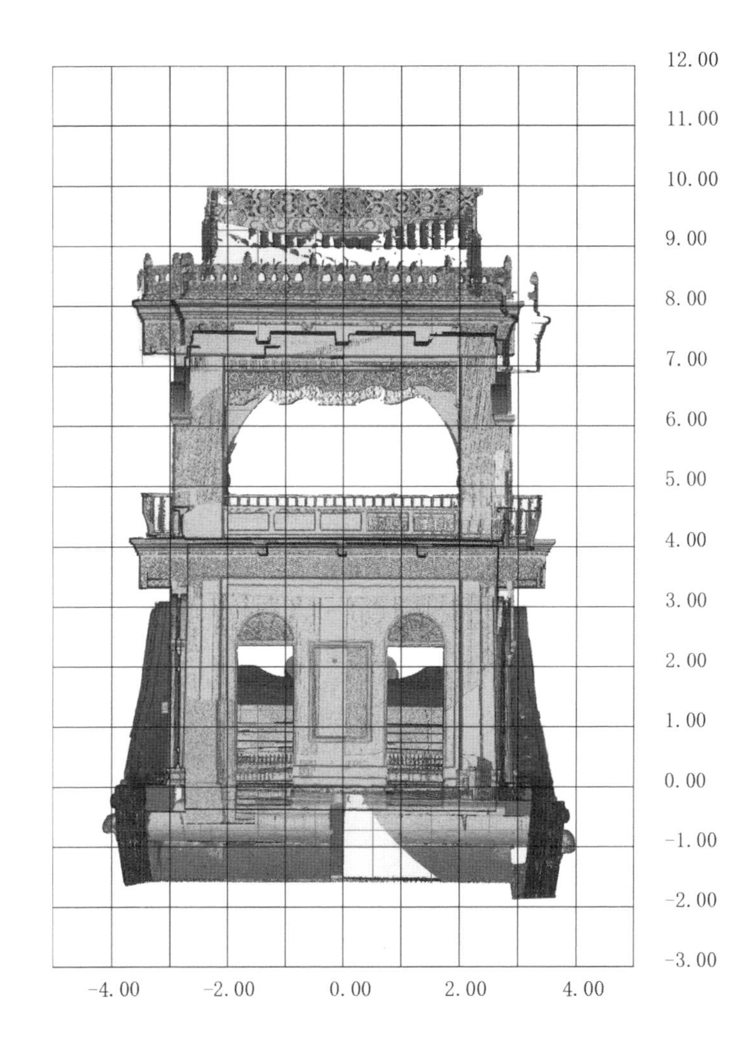
12.00
11.00
10.00
9.00
8.00
7.00
6.00
5.00
4.00
3.00
2.00
1.00
0.00
-1.00
-2.00
-3.00
-4.00
-2.00
0.00
2.00
4.00

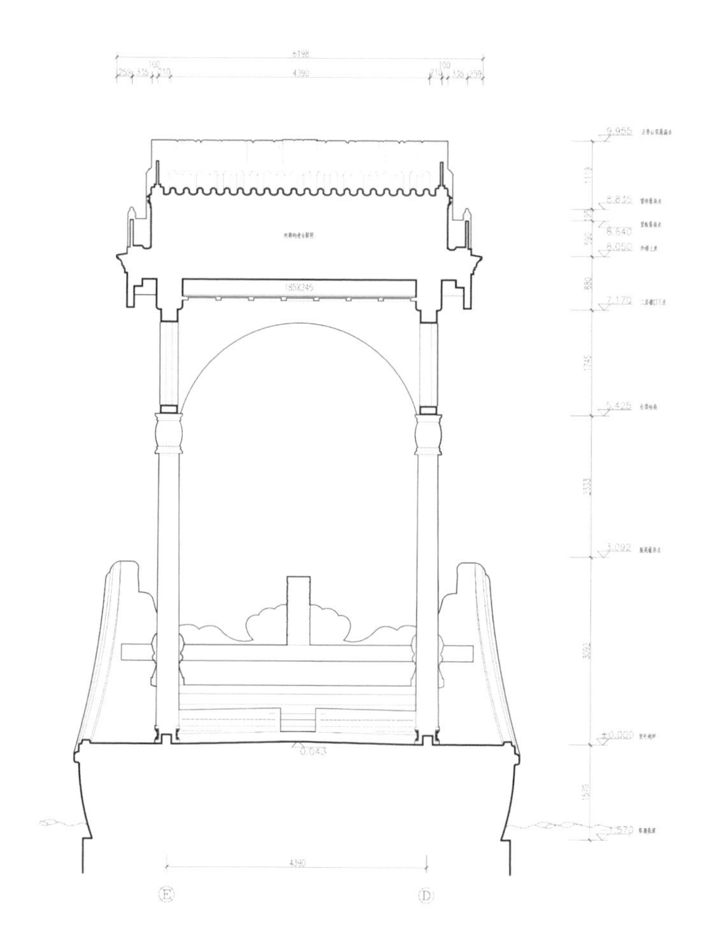

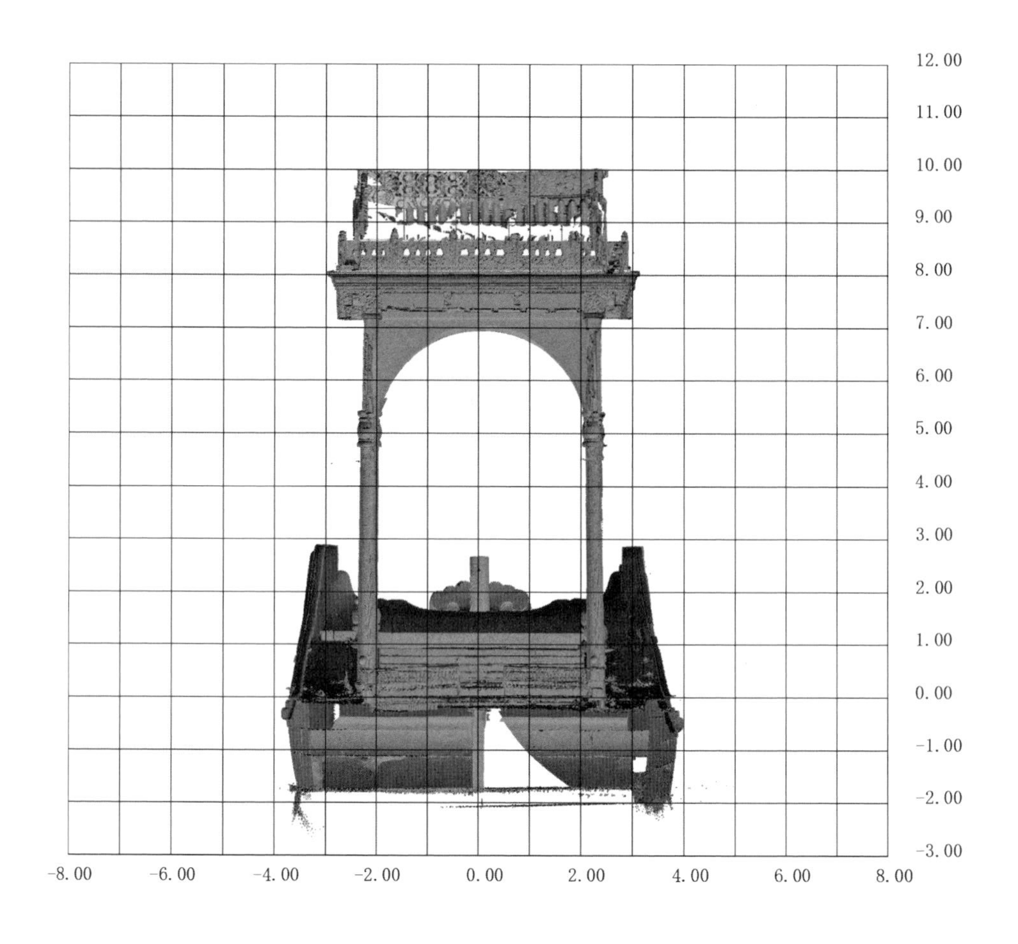
12.00
11.00
10.00
9.00
8.00
7.00
6.00
5.00
4.00
3.00
2.00
1.00
0.00
-1.00
-2.00
-3.00
-8.00
-6.00
-4.00
-2.00
0.00
2.00
4.00
6.00
8.00

附录3：石舫等处陈设清册

嘉慶十二年分

石舫等處陳設清冊

1

石舫頭艙迎門安

紫檀雕樹根式寶座一張 上鋪

紅白毡各一塊 虫蛀

紅羽緞一塊 虫蛀

黃地宋錦坐褥一件 下隨足踏黃羽緞套

上設

紫檀詩意嵌三塊玉如意一柄 雙緑穗珊瑚豆

紅填漆有蓋痰盒一件

棕竹股黑面扇一柄 王際華字畫

兩邊安

鸞翎宮扇一對 黑漆金花杆紫檀座虫蛀

寶座後安

紫檀雕樹根式邊座素玻璃三屏照背一座 背板刻御筆字匾對 御製詩

二艙門上掛

石青緞簾刷一件

門斗上掛

黃紙本文壁子匾一面

二艙窗下兩邊安

青緑諸葛鼓二件 木撬楠木架座

迎門靠南墻安

2

楠木几腿案一張 上設

白地青花磁有蓋葫蘆瓶一件 紫檀座丙

自鳴鐘一架

銅掐絲琺瑯出戟罇一件 紫檀座丙内挿

宮扇一柄

夾當設

御製詩三集一部八套 六十二本

墻上貼

張宗蒼着色山水畫一張 虫蛀

東西窗檻柱上掛

御筆字挂屏四件

面南墻上貼

御筆字横披一張 出蛀

迎門兩邊安

雕紫檀嵌琺瑯插屏一對 每座嵌玉人九個 福隆安字 鑲嵌不全

三艙東西窗檻柱上挂

御筆字挂屏八件

中艙面北安

楠柏木包鑲床三張 上鋪

紅白毡各一塊 出蛀

涼席一領

紅猩猩毡一塊 出蛀

黄地宋錦坐褥靠背迎手一分 随葛布套破

褥下設

刀一把 銀什件 鞔鞘嵌珊瑚松石

山設

紫檀嵌三塊玉如意一柄 夔綠穗珊瑚豆

紅填漆有蓋痰盒一件

棕竹邊股黑面扇一柄 彭啟豐字 魏鶴齡畫

床上設

紫檀嵌文竹船一對 各上設

文竹嵌玉爐瓶盒一分 銅匙筯紫檀盖座玉頂

銅垂恩二件

文竹盒二件 搭色木座

青玉夔環洗一件 身補一處紫檀座丙

五彩磁冠架一件

御製開惑論冊頁一冊 錢汝誠字 紫檀殼面

紅雕漆圓盒一件 內盛

周興岱字冊頁一冊 紫檀殼面

紫檀長方匣一對 有屉內盛

御製石舫記一冊 汪由敦字

御製重修文廟碑記墨刻一冊

恩賜御臨米帖恭記詩一冊 錢陳羣字 紫檀殼面

銅掐絲琺瑯夔環方罇一件 紫檀座丙

銅掐絲琺瑯夔環罇一件 紫檀座丙内掉

象牙宫扇二柄

西墻貼

御筆字斗一張

東墻貼

董邦達墨色畫斗一張

方窗兩邊貼
御筆字對一副
床下兩邊安
紫檀邊腿漆心嵌竹牙綉墩八件 上鋪
黃縴絲墊八件 隨錦套
洋磁香插二件
東西門上挂
綠紅綾交門舊袷軟簾二架 石青緞兩面刷有漬贓
東夾艙淨房挂
藍綢紬袷幔一架

5

宣銅乳耳爐一件 紫檀座
雍正款銅琺瑯瓶盒二件 銅匙筋牙座
西夾艙門上挂
紫色湯紬袷軟簾一架 兩面刷
西窗檻柱上挂
御筆字挂屏四件
門斗上貼
御筆字小橫披一張
方窗上貼
御筆字橫披一張 虫蛀

兩邊貼
萬齡着色畫對一副 虫蛀
後艙門上面西挂
紫色湯紬袷軟簾一架 兩面刷
夾艙迎門南墻挂
御筆字挂屏一件
面南門上挂
紫色湯紬交門袷簾一架 兩面刷
南墻面北迎門貼
御筆字條一張

6

面西假門上貼
余省着色花鳥畫一張
面南安
楠柏木包鑲萬字床三張 上鋪
紅白毡各一塊 虫蛀
涼蓆一領
紅猩猩毡一塊 虫蛀
黃地宋錦坐褥靠背迎手一分 隨葛布套
上設
紫檀嵌三塊玉如意一柄 腰玉玦玉變綠穗珊瑚豆

紅填漆有蓋痰盒一件

棕竹邊股黑面扇一柄 錢陳羣字 錢維城畫

兩邊安

紫檀炕案一對

左案上設

銅琺瑯有蓋爐瓶盒一分 玻璃頂銅匙筯紫檀座

右案上設

乾隆款銅掐絲琺瑯周月罇一件 紫檀座內內插

壽字竹筆一枝

班竹筆一枝

7

棕竹股半金面扇一柄 董誥字 楊大章畫

紫檀嵌三塊玉如意一柄 夔綠穗珊瑚豆

漢玉圓水盛一件 玉匙紫檀座內

青漢玉花鳳筆架一件 紫檀商絲座內

白玉行龍墨床一件 隨硃墨一錠紫檀座

霽紅磁紙槌瓶一件 紫檀座內

黑石硯一方 黑漆嵌玉匣盛

楊大章畫花卉一冊 紫檀嵌面

兩桌下設

紫檀罩蓋匣一件 內盛

棕竹邊股黑面扇十柄 陳孝泳字

御纂歷代三元甲子編年萬年書一套

清字盛京賦一套 一本

紫檀小盒四件 內一件嵌玉一塊

錦匣五件 內各盛

烏木邊股黑面扇十柄 馮光熊字畫

方窗兩邊貼

御筆字對一副

西方窗兩邊貼

御筆字對一副

8

董邦達山水畫橫披一張

南墻貼

御筆字條二張

面東門上挂

紫色湯紬袷軟簾一架 兩面俐

門內兩邊挂

搭色木邊玻璃畫西洋人物挂屏一對

門外北墻挂

紫檀邊畫玻璃挂屏一件

東窗檻柱上挂

御筆字挂屏二件

9

樓上北一間面南安

楠栢木包鑲床三張 上鋪

紅白毡各一塊 虫蛀

凉蓆一領

紅猩猩毡一塊 虫蛀

黃地宋錦坐褥靠背迎手一分 隨葛布套

上設

紫檀詩意嵌三塊玉如意一柄 雙香色穗珊瑚豆

紅填漆有蓋痰盒一件

棕竹邊股黑面扇一柄 劉綸字 孔畊畫

床上設

御製萬壽山昆明湖記一冊 錢維城字

彩漆手卷冊頁盒一對

紅雕漆手卷、式盒一對 隨几

紅雕漆四層方勝盒一對

五彩磁高口罇一件 紫檀座丙

霽紅磁罇一件 紫檀座丙

聖駕六旬冊頁十二冊

聖駕南巡冊頁八冊

聖駕五旬大慶萬壽詩冊頁二十四冊

10

墻上貼

御筆字橫披對一分 虫蛀

東西迎門地上設

紫檀邊座玻璃插屏鏡一對

靠南墻安

菠蘿漆几腿案一張 上設

青綠商金三獸足花口罇一件 紫檀座甲

銅掐絲珐瑯有蓋四夔足鼎一件 紫檀座丙

嘉窑青花磁葫蘆罇一件 紫檀座丙內插

宮扇一柄

御批歷代通鑑輯覽一部四套 寫本
案下二層几上設
紅雕漆攢盒一對
墻上貼
錢維城山水橫披畫一張 迸裂
東西檻柱上挂
御筆字挂屏八件
兩邊門上挂
紫色湯紬袷軟簾二架 兩面刷
西進間面西安
楠栢木包鑲床三張 上鋪
紅白毡各一塊 出蛀
涼蓆一領
紅猩猩毡一塊 出蛀
花坐褥靠背迎手一分
面北設
黃地宋錦坐褥靠背迎手一分 隨葛布套
上設
紫檀嵌三塊玉如意一柄 夔綠穗珊瑚面豆
紅填漆有蓋痰盆一件

11

棕竹邊股黑面扇一柄 錢陳羣字 弘旿畫
床上設
御製擬白居易新樂府一套
御製全韻詩一套
對面安
紫檀邊黑漆金花炕案一張 上設
青綠出戟花觚一件 紫檀架座
青綠雷紋出戟輔耳四足鼎一件 紫檀蓋座玉頂 內
冬青釉夔嘗出戟腰圓罇一件 口毛邊紫檀座 丙
夾當設
月令輯要一部二套 十二本
案下設
紫檀嵌玉字八方盒一件 內盛
御製新樂府二套 各二本
古稀說一套 一本
御製黃山圖黑彩漆罩蓋匣二件 內各盛
黑墨三十六錠 錦套
墻上貼
御筆字條對一分
南墻貼

12

蔣溥着色畫橫披一張
單外靠南墻安
紫檀銅角豆瓣南心琴桌一張 上設
青玉獸面松壽花揷一件 紫牙座丙
青綠朝冠耳有蓋三足圓爐一件 紫檀座丙
磁瓶一件 木座
夾當設
世宗憲皇帝御製文集一部二套 十六本
墻上挂
金廷標風雨歸舟畫一軸

13

東西窗檻柱上挂
御筆字挂屏二件
中一間面東安
楠柏木包鑲萬字床三張 上鋪
紅白毡各一塊 出蛀
涼席一領
紅猩猩毡一塊 出蛀
黃地宋錦坐褥靠背迎手一分 隨葛布套
花坐褥靠背迎手一分
紫檀嵌三塊玉如意一柄 變綠穗珊瑚面豆

紅填漆有蓋痰盒一件
棕竹邊股黑面扇一柄 劉綸字弘旿畫
兩邊安
紫檀抽屜炕案一對
左案上設
御製增訂清文鑑一部八套
右案上設
青花磁爐瓶盒一分 缺磁銅匙筯紫檀蓋座玉頂座嵌玉
兩案下設
蒙古源流一套

14

文竹八方盒一對
紫檀罩蓋匣一件 內盛
御題黑石硯六方 墨榻銘一冊
清文蒙古源流一套
漢文蒙古源流一套
雕鸂鶒木海棠式二龍捧壽盒一對
兩邊墻上挂
紫檀邊得勝圖挂屏一對
東西窗檻柱上挂
御筆字挂屏二件

面南門上挂
紫色湯紬袷軟簾一架（兩面刷）
西邊面南假門貼
余省着色花鳥畫一張
南二間北墻貼
御筆字橫披一張
南墻貼
王炳着色山水橫披畫一張
西窗檻柱上挂
御筆字挂屏二件

御筆字挂屏一件
南一間面北左右門上挂
紫色湯紬袷軟簾二架（兩面刷）
南一間面東安
楠柏木包鑲床一張（上鋪）
紅白毡各一塊（虫蛀）
涼蓆一領
紅猩猩毡一塊（虫蛀）
黃地宋錦坐褥靠背迎手一分（随葛布套）
上設

紫檀嵌三塊玉如意一柄（雙綠穗珊瑚豆）
紅填漆有蓋痰盆一件
棕竹邊股黑面扇一柄（錢陳羣字　弘旿畫）
左邊設
青綠索子有蓋三足提梁調和壺一件（高麗木座）
右邊設
紅龍磁冠架一件
方窗上挂
御筆字橫披一張
兩邊貼

錢維城花卉畫對一副
南北墻上貼
袁瑛着色山水畫一張
御筆字斗一張
下層安
楠柏木包鑲地平一座（上鋪）
白毡一塊（虫蛀）
罩中南北墻上貼
御筆字條一張
錢維城花卉畫一張

迎門南墻貼
御筆字條一張
西南間門上挂
石青紬簾刷二件
面西方窻下安
雕紫檀雲龍寶椅一張 上鋪
紅毡一塊
紅猩猩毡一條 出蛙
黃緞綉金龍坐褥一個 隨錦套
上設
紫檀嵌三塊玉如意一柄 夔綠穗珊瑚豆
填漆有蓋痰盆一件
棕竹邊股黑面扇一柄 劉綸字 弘旿畫
方窻上貼
御筆字橫披一張
兩邊貼
錢維城畫對一副
罩內南北墻貼
御筆字條二張
楼上地面滿鋪

17

涼蓆一領
外簷門上挂
毡竹簾各一架
寄瀾堂東進間面西安
楠柏木包鑲床五張 上鋪
紅白毡各一塊 出蛙
紅猩猩毡一塊
花坐褥靠背迎手一分
米色地紋錦坐褥靠背迎手一分 隨葛布套
上設
紫檀嵌三塊玉如意一柄 頭玉靶玉有透絡夔藍穗珊瑚豆
填漆有蓋痰盆一件
棕竹邊竹股黑面扇一柄 錢維城字 王炳畫

18

床上設

文竹嵌玉冠架一件 座上嵌玉透壆一道

霽紅磁暗花木瓜盤一件 紫檀座丙

兩邊設

紫檀嵌班竹牙槅一對 随几

左槅内設

宣窰白地青人物墩爐一件 火罅一道紫檀盖座玉頂丙

銅掐絲珐瑯獸面出戟罇一件 紫檀座丙

御製詩玉海野圖山子一件 紫檀座丙

青緑輔耳三足鼎一件 紫檀盖座玉頂

右槅内設

青漢玉三螭觥一件 紫檀座丙

白地紫花三足有盖鼎一件 紫檀嵌玉座

銅掐絲珐瑯花囊一件 銅胆紫檀座丙

成窰五彩磁碗一對 紫檀架座丙

青緑夔環扁壺一件 紫檀座丙

嘉窰青花磁碗一對 搭色木座

兩槅頂上設

全唐詩一部十二套 計一百二十本

春秋集傳一部四套 計四十本

墻上貼

御筆字條對一分

兩槅頂墻上貼

董邦達着色畫一張

錢維城着色畫一張

門斗上貼

錢維城着色畫一張

南北墻貼

御筆字條二張

南窻檻柱上挂

御筆字挂屏一件

明間東西槅扇上貼

御筆字横披二張

西進間北邊面南安

楠栢木包鑲床三張 上鋪

紅白毡各一塊 虫蛀

紅猩猩毡一塊

花坐褥靠背迎手一分

米色地紋錦坐褥靠背迎手一分 随葛布套

上設

紫檀嵌三塊玉如意一柄 雙緑穗硝石豆
填漆有蓋痰盆一件
椶竹邊竹股黑面扇一柄 錢維城字 王炳畫
床上設
鑲紫檀邊豆瓣南心小香几一件 上設
青玉透花有蓋爐瓶盒一分 俱有𨱎銅匙筯牙座
几下設
聖駕臨幸翰林院禮成恭頌冊頁一冊 錦殼面 長麟進
均釉碗一件 紫檀座丙
紫檀邊座嵌青玉璧插屏一件 王際華字

21

紫檀罩盖匣一件 內盛
御製萬壽山五百羅漢堂記冊頁一冊 閔槐字
雕竹筆筒一件 紫檀座內插
竹木筆各二枝
班竹邊竹股半金面扇一柄 金士松字 王原祁畫
南邊面北安
楠柏木包鑲床三張 上鋪
紅白毡各一塊
紅猩猩毡一塊
緑地紋錦坐褥二個 随葛布套

綉黄緞邊川蓆坐褥二件
迎手二個
黑漆金花提梁匣一對 內各盛
黑墨八十錠
紫檀匣一件 內盛
御製四知書屋記冊頁一冊 謝墉字
哥窑銅口木瓜盤一件 紫檀架座丙
黑漆金花小香几一件 上設
青緑有盖爐瓶盒一分 銅匙筯紫檀座
几下設

22

御製擬白居易新樂府一套 四本
斟花用
磁瓶一件 木座
靠西墻安
楠木几腿案一張 上設
景泰款銅掐絲珐瑯觚一件 紫檀座丙
青緑多乳墩彜一件 紫檀盖座玉頂甲
翡翠磁象耳瓶一件 紫檀座丙內插
宮扇一柄
夾當設

萬壽盛典一部四套 四十本
墻上挂
蔡遠着色畫一軸
兩邊貼
御筆字對一副
錢維城圓光畫二張
東西間南窗上安
玻璃八塊 內一塊有鏄
門斗上貼
王炳畫橫披一張

南北貼
御筆字條二張
東西現扇門上挂
石青紬簾刷二件
明間北風窗上挂
御筆字匾一面
南風窗上挂
御筆字壁子橫披一面
對面門兩邊墻上挂
紫檀邊嵌玉人挂屏一對 鑲嵌不全

前後門上挂
秥竹簾各二架

嘉庆十二年《石舫等处陈设清册》

舱室方位	家具	铺设装饰
石舫头舱迎门（安）	紫檀雕树根式宝座一张	红白毡各一块，红羽缎一块，黄地宋锦坐褥一件，紫檀诗意嵌三块玉如意一柄，红填漆有盖痰盆一件，棕竹股黑面扇一柄。两边安銮翎宫扇一对
	宝座后安 紫檀雕树根式边座素玻璃三屏，照背一座	
二舱门上（挂）		石青缎帘刷一件
门斗上（挂）		黄纸本文壁子匾一面
二舱窗下两边（安）		青绿诸葛鼓二件
迎门靠南墙（安）	楠木几腿案一张	白地青花瓷有盖葫芦瓶一件，自鸣钟一架，铜掐丝珐琅出戟樽一件，宫扇一柄
夹当（设）		《御制诗三集》一部八套
墙上（贴）		张宗苍著色山水画一张
东西窗槛柱上（挂）		御笔字挂屏四件
面南墙上（贴）		御笔字横批一张
迎门两边（安）		雕紫檀嵌珐琅插屏一对
三舱东西窗槛柱上（挂）		御笔字挂屏八件
中舱面北（安）	楠柏木包镶床三张	红白毡各一块，凉席一领，红猩猩毡一块，黄地宋锦坐褥靠背迎手一分。褥下设，刀一把。上设，紫檀嵌三块玉如意一柄，红填漆有盖痰盆一件，棕竹边股黑面扇一柄。床上设，紫檀嵌文竹船一对，铜垂恩二件，文竹盒二件，青玉双环洗一件，五彩瓷冠架一件，《御制开惑论册页》一册，红雕漆圆盒一件，周兴岱字册页一册，紫檀长方匣一对，《御制石舫记》一册，《御制重修文庙碑记》墨刻一册，《恩赐御临米帖恭记诗》一册，铜掐丝珐琅双环方樽一件，铜掐丝珐琅双环樽一件，象牙宫扇二柄
西墙（贴）		御笔字斗一张
东墙（贴）		董邦达墨色画斗一张
方窗两边（贴）		御笔字对一副
床下两边（安）		紫檀边腿漆心嵌竹牙绣墩八件，黄缂丝垫八件，洋瓷香插二件
东西门上（挂）	绿红绫交门旧袷软帘二架	
东夹舱净房（挂）		蓝绉袷幔一架，宣铜乳耳炉一件，雍正款铜珐琅瓶盒二件
西夹舱门上（挂）	紫色丝绸袷软帘一架	
西窗槛柱上（挂）		御笔字挂屏四件
门斗上（贴）		御笔字小横披一张
方窗上（贴）		御笔字横披一张
两边（贴）		嵩龄着色画对一副
后舱门上面西（挂）	紫色丝绸袷软帘一架	
夹舱迎门南墙（挂）		御笔字挂屏一件
西南门上（挂）	紫色丝绸交门袷帘一架	
南墙面北迎门（贴）		御笔字条一张
面西假门上（贴）		余省着色花鸟画一张
面南（安）	楠柏木包镶万字床三张	红白毡各一块，凉席一领，红猩猩毡一块，黄地宋锦坐褥靠背迎手一分。上设，紫檀嵌三块，玉如意一柄，红填漆有盖痰盆一件，棕竹边股黑面扇一柄
两边（安）	紫檀炕案一对	左案上设，乾隆款铜掐丝珐琅周月樽一件，寿字竹笔一枝，斑竹笔一枝，棕竹股半金面扇一柄，紫檀嵌三块玉如意一柄，汉玉圆水盛一件，青汉玉花凤笔架一件，白玉行龙墨床一件，霁红瓷纸捶瓶一件，黑石砚一方，杨大章画花卉一册。两桌下设，紫檀罩盖匣一件，棕竹边股黑面扇十柄，《御纂历代三元甲子编年万年书》一套，《清字盛京赋一套》，紫檀小盒四件，锦匣五件，乌木边股黑面扇十柄

续上表

舱室方位	家具	铺设装饰
方窗两边（贴）		御笔字对一副
西方窗两边（贴）		御笔字对一副，董邦达山水画横披一张
南墙（贴）		御笔字条二张
面东门上（挂）	紫色丝绸袷软帘一架	
门内两边（挂）		搭色木边玻璃画西洋人物挂屏一对
门外北墙（挂）		紫檀边画玻璃挂屏一件
东窗槛柱上（挂）		御笔字挂屏二件
楼上北一间面南（安）	楠柏木包镶床三张	红白毡各一块，凉席一领，红猩猩毡一块，黄地宋锦坐褥靠背迎手一分。上设，紫檀诗意嵌三块，玉如意一柄，红填漆有盖痰盆一件，棕竹边股黑面扇一柄。床上设，《御制万寿山昆明湖记》一册，彩漆手誊册页盒一对，红雕漆手誊式盒一对，红雕漆四层方胜盒一对，五彩瓷高口樽一件，霁红瓷樽一件，《圣驾六旬册页》十二册，《圣驾南巡册页》八册，《圣驾五旬大庆万寿诗册页》二十四册
墙上（贴）		御笔字横披对一分
东西迎门地上（设）		紫檀边座玻璃插瓶镜一对
靠南墙（安）	菠萝漆几腿案一张	青绿商金三兽足花口樽一件，铜掐丝珐琅有盖四夔足鼎一件，嘉窑青花瓷葫芦樽一件，宫扇一柄，《御批历代通鉴辑览》一部四套。案下二层几上设，红雕漆攒盒一对
墙上（贴）		钱维城山水横披画一张
东西槛柱上（挂）		御笔字挂屏八件
两边门上（挂）	紫色丝绸袷软帘二架	
两进间面西（安）	楠柏木包镶床三张	红白毡各一块，凉席一领，红猩猩毡一块，花坐褥靠背迎手一分。面北设，黄地宋锦坐褥靠背迎手一分。上设，紫檀诗意嵌三块，玉如意一柄，红填漆有盖痰盆一件，棕竹边股黑面扇一柄。床上设，《御制拟白居易新乐府诗》一套，《御制全韵诗》一套。对面安，紫檀边黑漆金花炕案一张，青绿出戟花觚一件，青绿雷纹出戟辅耳四足鼎一件，冬青釉双管出戟腰圆樽一件。夹当设，《月令缉要》一部二套。案下设，紫檀嵌玉字八方盒一件，《御制新乐府》二套，《古稀说》一套，《御制黄山图》黑彩漆罩盖匣二件，黑墨三十六锭
墙上（贴）		御笔字条对一分
南墙（贴）		蒋溥着色画横披一张
罩外靠南墙（安）	紫檀铜角豆瓣南心琴桌一张	青玉兽面松寿花插一件，青绿朝冠耳有盖三足圆炉一件，瓷瓶一件。夹当设，《世宗宪皇帝御制文集》一部二套
墙上（挂）		金廷标《风雨归舟画》一轴
东西窗槛柱上（挂）		御笔字挂屏二件
中一间面东（安）	楠柏木包镶万字床三张	红白毡各一块，凉席一领，红猩猩毡一块，黄地宋锦坐褥靠背迎手一分，花坐褥靠背迎手一分，紫檀诗意嵌三块玉如意一柄，红填漆有盖痰盆一件，棕竹边股黑面扇一柄
两边（安）	紫檀抽屉炕案一对	左案上设，《御制增订清文鉴》一部八套，右案上设，青花瓷炉瓶盒一分，两案下设，《蒙古源》十套，文竹八方盒一对，紫檀罩盖匣一件，御题黑石砚六方，《清文蒙古源流》一套，《汉文蒙古源流》一套，雕鸂鶒木海棠式二龙捧寿盒一对
两边墙上（挂）		紫檀边得胜图挂屏一对
东西窗槛柱上（挂）		御笔字挂屏二件
面南门上（挂）	紫色丝绸袷软帘一架	
西边面南假门（贴）		余省着色花鸟画一张
南二间北墙（贴）		御笔字横披一张
南墙（贴）		王炳着色山水横披画一张
西窗槛柱上（挂）		御笔字挂屏二件，御笔字挂屏一件

续上表

舱室方位	家具	铺设装饰
南一间面北左右门上（挂）	紫色丝绸袷软帘二架	
南一间面东（安）	楠柏木包镶床一张	红白毡各一块，凉席一领，红猩猩毡一块，黄地宋锦坐褥靠背迎手一分，紫檀诗意嵌三块玉如意一柄，红填漆有盖痰盆一件，棕竹边股黑面扇一柄。左边设，青绿索子有盖三足调和壶一件，右边设，红龙瓷冠架一件
方窗上（挂）		御笔字横披一张
两边（贴）		钱维城花卉画对一副
南北墙上（贴）		袁瑛着色山水画一张，御笔字斗一张
下层（安）	楠柏木包镶地平一座	白毡一块
罩中南北墙上（贴）		御笔字条一张，钱维城花卉画一张
迎门南墙（贴）		御笔字条一张
西南间门上（挂）		石青绸帘刷二件
面西方窗下（安）	雕紫檀云龙宝椅一张	红毡一块，红猩猩毡一条，黄缎绣金龙坐褥一个，紫檀诗意嵌三块，玉如意一柄，填漆有盖痰盆一件，棕竹边股黑面扇一柄
方窗上（贴）		御笔字横披一张
两边（贴）		钱维城画对一副
罩内南北墙（贴）		御笔字条二张
楼上地面满（铺）		凉席一领
外檐门上（挂）	毡竹帘各一架	

附录4：光绪朝重修清晏舫工程清单

时间	内容
光绪十九年二月廿一到廿五	改修船楼清挖淤泥
光绪十九年二月廿六到廿九	清挖淤泥归安石料
光绪十九年三月初一到初五	归安石料
光绪十九年三月初六到初十	归安石料
光绪十九年三月十一到十五	归安石料
光绪十九年三月十六到二十	改修洋式船楼安砌石料，两边船轮砬下柏木桩
光绪十九年三月廿一到廿五	改修洋式船楼安砌石料，两边砬下柏木桩
光绪十九年三月廿六到三十	安砌石料，两边砬下柏木桩
光绪十九年四月初一到初五	安砌石料
光绪十九年四月初六到初十	安砌石料
光绪十九年四月十一到十五	安砌石料
光绪十九年四月十六到二十	安砌石料，两边码头安砌装板石灌浆
光绪十九年四月廿一到廿五	安砌石料，两边码头安砌装板石灌浆
光绪十九年四月廿六到廿九	安砌石料，两边码头安砌装板石灌浆
光绪十九年五月初一到初五	归安石料，两边码头接安装板石灌浆
光绪十九年五月初六到初十	洋式船楼安砌青白石两帮船轮码头安砌装板石
光绪十九年五月十一到十五	洋式船楼安砌青白石两帮船轮码头安砌装板石
光绪十九年五月十六到二十	两边接砌码头等石
光绪十九年五月廿一到廿五	添换青白石船帮
光绪十九年五月廿六到廿九	添换青白石船帮
光绪十九年六月初一到初五	
光绪十九年六月初六到初十	安砌青白石船帮
光绪十九年六月十一到十五缺	
光绪十九年六月十六到二十	安砌青白石
光绪十九年六月廿一到廿五	安砌石料
光绪十九年六月廿六到三十	安砌两帮添换石料
光绪十九年七月初一到初五	接安两帮添换石料
光绪十九年七月初六到初十	洋式船楼安砌青白石料
光绪十九年七月十一到十五	洋式船楼安砌青白石料
光绪十九年七月十六到二十	两边接安石料
光绪十九年七月廿一到廿五	两边接安石料
光绪十九年七月廿六到廿九	两边接安石料
光绪十九年八月初一到初五	
光绪十九年八月初六到初十	打錾石料，后山五孔木板桥一座三孔木板桥三座桥板安砌成作挂檐板栏杆
光绪十九年八月十一到十五	接錾石料
光绪十九年八月十六到二十	接錾石料
光绪十九年八月廿一到廿五	接錾石料
光绪十九年八月廿六到三十	接錾石料
光绪十九年九月初一到初五	安砌青白石船帮
光绪十九年九月初六到初十	安砌青白石船帮
光绪十九年九月十一到十五	接安青白石船帮
光绪十九年九月十六到二十	接砌青白石船帮
光绪十九年九月廿一到廿五	两边接安石料已齐
光绪十九年九月廿六到廿九	接砌两边背后砖灌浆
光绪十九年十月初一到初五	船舱安砌土衬石
光绪十九年十月初六到初十	船舱安砌土衬石
光绪十九年十月十一到十五	船舱安砌土衬石，船轮码头安砌大料石
光绪十九年十月十六到二十	船舱安砌土衬石，船轮码头安砌大料石
光绪十九年十月廿一到廿五	船舱安砌土衬石，船轮码头安砌大料石
光绪十九年十月廿六到三十	安砌船轮石料
光绪十九年十一月初一到初五	安砌船轮
光绪十九年十一月初六到初十	接安船轮石料
光绪十九年十月十一到十五	船舱安砌土衬石，船轮码头安砌大料石
光绪十九年十月十六到二十	船舱安砌土衬石，船轮码头安砌大料石
光绪十九年十月廿一到廿五	船舱安砌土衬石，船轮码头安砌大料石
光绪十九年十月廿六到三十	安砌船轮石料
光绪十九年十一月初一到初五	安砌船轮

续上表

时间	内容
光绪十九年十一月初六到初十	接安船轮石料
光绪十九年十一月十一到十五	接安两帮船轮
光绪十九年十一月十六到二十	洋式船楼接安两帮船轮
光绪十九年十一月廿一到廿五	两边安砌船轮
光绪十九年十一月廿六到三十	船舱安柱顶石并安两边青白石船轮
光绪十九年十二月初一到初五	船舱安柱顶石并安两边青白石船轮
光绪十九年十二月初六到初十	船舱安柱顶石并安两边青白石船轮
光绪十九年十二月十一到十五	船舱安柱顶石并安两边青白石船轮
光绪十九年十二月十六到二十	船舱安柱顶石并安两边船轮船帮等石
光绪十九年十二月廿一到廿五	船舱安柱顶石并安两边青白石船轮
光绪十九年十二月廿六到三十	船舱安柱顶石两边青白石船轮
光绪二十年一月初一到初五	安两帮青白石转轮随安柱顶石
光绪二十年一月初六到初十	接安两边青白石船轮并柱顶石料
光绪二十年一月十一到十五	接安两帮船轮并柱顶石料
光绪二十年一月十六到二十	接安两帮青白石船轮安砌柱顶等石
光绪二十年一月廿一到廿五	接安两边船轮并柱顶石均齐
光绪二十年一月廿六到廿十	洋式船楼竖立大木
光绪二十年二月初一到初五	洋式船楼竖立大木
光绪二十年二月初六到初十	洋式船楼竖立大木
光绪二十年二月十一到十五	洋式船楼竖立大木
光绪二十年二月十六到二十	洋式船楼竖立大木
光绪二十年二月廿一到廿五	洋式船楼椽木望板钉齐，随苫灰泥背
光绪二十年二月廿六到三十	船楼头停调脊布瓦，周围安齐挂檐砖
光绪二十年三月初一到初五	船楼调脊布瓦并安砌踏垛石南平台苫灰背接安周围挂檐砖
光绪二十年三月初六到初十	船楼调脊布瓦已齐，随安砌踏垛，南平台苫灰背随安周围挂檐砖
光绪二十年三月十一到十五	船楼安砌地面等石，南平台北抱厦平台均苫背周围安挂檐砖已齐
光绪二十年三月十六到二十	船楼安砌地面等石，南平台北抱厦平台均苫背已齐随墁方砖安钉外檐装修
光绪二十年三月廿六到廿九	船楼上层前后檐安钉外檐装修，南北抱厦安砌地面石
光绪二十年四月初一到初五	两边接砌码头等石
光绪二十年四月初六到初十	添换青白石船帮
光绪二十年四月十一到十五	添换青白石船帮
光绪二十年四月十六到二十	南北抱厦并船舱均安地面石随安外檐装修
光绪二十年四月廿一到廿五	南北抱厦并船舱地面石均灌浆
光绪二十年四月廿六到三十	南北抱厦柱木披灰麻安砌船舱地面石
光绪二十年五月初一到初五	南北抱厦柱木披麻挂灰并安船舱地面石
光绪二十年五月初六到初十	南北抱厦柱木披麻挂灰并安船舱地面石已齐
光绪二十年五月初十到十五	以东木板桥现安栏杆
光绪二十年五月十六到二十	以东木板桥现安栏杆
光绪二十年五月廿一到廿五	船楼上层檐光朱红油，以东木板桥现安栏杆
光绪二十年五月廿六到廿九	船楼上下层外檐装修，以东木板桥安栏杆已齐
光绪二十年六月初一到初五	
光绪二十年六月初六到初十	船楼上下层檐安钉顶隔已齐，安钉内外檐装修
光绪二十年六月十一到十五	船楼安钉内外檐装修
光绪二十年六月十六到二十	船楼安钉内外檐装修
光绪二十年六月廿一到廿五	船身扁光见细
光绪二十年六月廿六到廿九	船身扁光见细
光绪二十年七月初一到初五	船身扁光见细
光绪二十年七月初六到初十	船身扁光见细
光绪二十年七月十一到十五	船身扁光见细
光绪二十年七月十六到二十	船身扁光见细
光绪二十年八月十六到二十	油饰彩画，安钉楼梯并糊饰顶隔
光绪二十年八月廿一到廿五	安钉楼梯栏杆并墁洋砖地面
光绪二十年八月廿六到廿九	安钉楼梯栏杆油饰楼板，以东板桥油饰已齐
光绪二十年九月初一到初五	楼板披灰麻
光绪二十年九月初六到初十	楼板披麻挂灰已齐，上层楼随安玻璃门
光绪二十年九月十一到十五	上层楼随安玻璃门
光绪二十年九月十六到二十	接安玻璃门
光绪二十年九月廿一到廿五	接安玻璃门

附录5：清晏舫老照片